新 作庭帖 自然風庭園の手法

圖解
日式自然風庭園

小形研三嫡傳弟子

秋元通明 著　徐詠惠 譯

U0030178

導讀　日式庭園的近代化足跡
——「雜木之庭」的野趣雅致

　　從日本庭園的演變史，我們大致可從中感受到日本庭園的禪意、象徵、留白、隱喻等心靈層面的設計意念。庭園家透過縮景、象徵、借景、團狀修整、呈風霜貌等庭園管理的手法，善用池泉、瀑布、中島、飛石、延段、石組、舖砂、築山、石燈籠、洗手鉢等構成元素，使庭園呈現特殊風格。

　　其中，「縮景」是將自然的山河予以迷你化，像是將山里情景複製到茶庭，或是將多個名勝古蹟匯集到一個廻遊式的庭園中。將佛教宇宙觀的須彌山世界、淨土世界等融入庭園的手法稱為「象徵」，例如在枯山水庭園舖上白沙象徵大海（抽象），以龜島、鶴島象徵吉祥（寓意）。將庭園以外的風景如美麗的山景、遼闊的平原和海岸與園內景觀融為一體的手法則稱為「借景」。這種把外部風景納入庭園之中、甚至做為庭園主景的方式，在西洋庭園中完全沒有，可謂東方庭園的特色。

　　明治維新時期在西方思潮和自然主義影響下，出現就地使用基地上的植物的做法，人們對大自然的審美觀也從古典的以縮景、抽象方式描繪遠方景色，轉為欣賞生活中平凡而微妙的自然之美。此時，東西洋型式更逐漸融合，形成自由主義風格庭園、幾何式庭園。明治後期，半資產階級之間流行起大宅邸庭園和和洋折衷式庭園，文人雅士開始追求在園中配置更多從後山採回的雜木，以增添自然感。日本首位將「造園」當做一門學問，進行系統性分析，以簡易方式闡明造園技術的造園學創始者——上原敬二教授，就曾在《造林與造園》一書中提倡在庭園中栽種被一般人視為無用的「雜木」，例如馬蓼、青剛櫟、野茉莉、野雅椿、山赤楊、忍冬……來提升庭園的野趣。

　　昭和時代，庭園名師飯田十基確立了觀察自然、呈現與自然同等大小的寫真式「雜木之庭」造園風格。他曾在築地的工手學校（現工學院大學前身）就讀土木學系，學習繪圖技巧，在當時東京知名庭園師松本幾次郎旗下學習、工作過，並於 1918 年成立飯田造園事務所。上原敬二與飯田十基大約相識在 1937 年，當時飯田十基的庭園作品集已經集結出版，在業界小有名氣。上原認為飯田雖然很有主觀意識、興

趣傾向分明，但他的作品可謂「百人中百人稱讚」，實在沒有可以多加批評的餘地。他也分析到，飯田十基的庭園作風強調的是樹木春天發嫩芽、展現嫩芽顏色之樂趣。新嫩芽的顏色至少就有濃綠、淡綠、中綠、淺綠、草色、萌草色、青瓷色、青竹色、橄欖色、松葉色、柳葉色、琉璃色、檳榔樹色……等18種，讓人目不暇給。

　　而飯田位於東京涉谷的自宅庭園（舊飯田邸庭園），當然也是一座實現自己造園理念的雜木林庭園，步行其中很容易感受到優雅自然的氣氛，像是徜徉在大自然之中，百看不膩。他將自家的庭園稱為「自然風庭園」，意指雜木不僅是庭園的材料，也是一種庭園風格，或說是一種形式。上原敬二日後的研究和評價也正式將「雜木之庭」列為庭園樣式之一。

　　當雜木之庭風格更加明確之際，更需要認識這位代表人物——小形研三。千葉高等園藝學校（現千葉大學園藝學院前身）畢業的小形研三，因為憧憬自然寫真式庭園而進入飯田十基的門下學習。他潛心鑽研岩石、水流、樹木的造型技藝，之後更為了實現心中將庭園普及化的理想，將工作重心移往任職的東京府公園課。1957年創立「東京庭苑株式會社」，沿襲飯田的自然風設計和施工做法。爾後再成立「京央造園設計事務所」承接公共庭園工程，並且培育新一代的造園家。小形對庭園的熱愛和深厚造詣，使他陸續出任日本造園士協會理事長、東京都造園高等職業訓練學校的校長，教導的學生超過三百餘人，自然的雜木庭園風格從而廣為流傳到日本各地。

　　小形研三在持續革新造園技術之外，一方面致力於現代庭園和平民庭園的扎根與創新，一方面積極地將日本庭園文化發揚到海外，足跡遍及美國、澳洲、印度、南美洲，亦留下不少代表作品，像是著名的國營昭和紀念公園、新宿中央公園、萬國博覽會日本庭園、夏威夷大學東西方文化中心、福武書店迎賓館、豐島園庭之湯、齊藤邸庭園、栃木縣知事公館等處所的庭園。

其中，位於東京立川市的國營昭和紀念公園落成於昭和 58 年（1983 年）10 月，是日本首都圈最大的日本庭園。園內除了常綠樹橡樹、米櫧之外，大量使用槭樹、青剛櫟等落葉闊葉樹，落葉時能營造出武藏野一般的自然樹林風情。當落葉闊葉樹增加，綠意的層次和明亮的樹林帶也隨之豐盛。來到此處，不只欣賞得到常綠樹，感受植物的四季變化更是一大重點。早春有梅花、日本水仙、山菜等；春天則有櫻花、水仙、牡丹、躑躅、棣棠花；初夏有紫陽花、花菖蒲、射干，夏天有金絲梅、甘草、睡蓮、紫薇等；秋天有楓樹、銀杏、胡枝子、紫珠、槭樹、波斯菊，冬天則有金縷梅、鶯神樂、結香、雪松等。不論哪個季節，都可以看到遊人在樹林間、各色花草叢中流連忘返。

　　此外，小形研三也將造園的概念和手法應用在一般人家的庭園表現上，認為其中並無二致。因為美的本質來自愉快的感情，悠遊般的舒暢感和嚴謹的秩序要同時存在才能成立。這種美的秩序，是將令人舒暢的要素以生氣勃勃的姿態放在恰當合理的位置上，透過不對稱排列、氣勢營造、景深刻劃等手法來模擬自然界亂中有序、實則和諧的生長脈絡。小形研三說過：「住家的庭園應該是一個美麗、且讓人沉靜舒暢的空間。」其實就是靠庭園設計者入微的觀察，將自然秩序一層一層地表現出來。

　　他個人幾項重要的榮譽包括 1969 年日本造園學會獎、美國景觀設計師協會（American Society of Landscape Architects）泛太平洋造園賞、1980 年建設大臣獎、1987 年獲頒瑞寶四等勳章。1988 年，他在澳洲布里斯本為日本政府監理博覽會的日本庭園工作中猝死。而他生前致力普及庭園文化的作為和理念，對繼任的庭園景觀設計者有很大的影響。於是在 2007 年，小形研三的弟子們共同成立了「小形會」（Ogata Kai），旨在紀念先師小形研三、提供會員之間切磋自然雜木林庭園思想和技術的機會，也注重國內和海外的庭園交流。

本書的作者秋元通明先生正是小形會的創始成員之一。他師事小形研三逾 26 年，對雜木之修剪特別有研究，目前擔任東京庭苑株式會社的設計現場監理。他除了從事私人住宅庭園的設計和建造，更重要的使命是修護和支援小形研三在各地建造的庭園，並且持續自然雜木林庭園的推廣和講習。從飯田十基、小形研三，乃至於秋元通明，自然風庭園一脈相承並持續壯大。這本《圖解日式自然風庭園》可謂庭園家代代相傳的立論及技術之呈現。

蔡龍銘
曾任國立屏東科技大學景觀暨遊憩管理研究所教授兼所長
現任中國文化大學觀光事業學系暨碩士班教授暨
航空管理碩士學位學程所長

推薦序

　　《圖解日式自然風庭園》譯自『新作庭帖：自然風庭園の手法』。日式庭園最早可追溯至飛鳥時代，因模仿自然庭園山水，也稱為林泉庭園。而『作庭記』大約在鎌倉時代前後成書，也是日本最早的庭園書。在中國的造園方面，明代的計成（1582～1642）也有《園冶》一書傳世。書載：「古人百藝，皆傳於書，獨無造園者何？曰：『園有異宜，無成法，不可得而傳也』」由此來看，坊間有關造園的書籍其實是不多的。

　　日本著名造園專家、自然風宗師上原敬二教授（1889～1981）認為，造園其實就是創造「第二自然」，《圖解日式自然風庭園》當中所傳達的概念，實符合這項觀點。相信本書對造園從事者或學習者皆能帶來助益。

蔡龍銘

日本國立神戶大學自然科學博士

中國文化大學觀光事業學系暨碩士班教授暨

航空管理碩士學位學程所長

　　人與自然共生、與萬物共存可謂世人寄予返樸歸真的理想之道。自古以來，日本人不僅追求與天地萬物共存共生，更強調人為自然的一部分。神道信仰的八百萬眾神，分別依附於山、川、海、木、石，其體現大自然的根本原理，表露出物件背後乘載的美感價值及知識脈絡。這本《圖解日式自然風庭園》出自傳統創新兼備的造園師秋元通明之手，透過豐富的造園經驗、敏銳的美感意識，細膩地寫下日本獨特的自然風庭園知識，值得做為我們探索日本傳統庭園之美的首本指南書。

林承緯

日本國立大阪大學博士（美學‧民俗學／文化表現論專攻）

國立臺北藝術大學教授兼文化資源學院院長

日本庭園的景觀構成要素多取景於大自然，並重視人與景之間的觀點，歷經各時代之變遷，發展出各種的庭園型態。在現代進行日式庭園賞析之時，更可以從全球國際化的視野，用科學的角度去探究與了解其中的奧妙。

　　自幼生長在園藝家族，新竹故鄉的原風景，在台灣從事造園工作的同時，不禁會在腦海浮現。1990 年春天，赴日展開學習之旅，大阪國際花博中看到了東西方各國樣式庭園的競演。隨後在東京農業大學造園工學研究室八年的留學期間，透過景觀工學的研究與田野調查，讓自己體驗到各地日本庭園的自然美。歸國繼續從事園藝與造園工作之際，日本經驗的原風景，促使在每一處基地創建時，更多了一份對自然環境的關愛。

　　過去十幾年以來，在國內各大學相關系所任教的課程中，經常提出日台兩地的日本庭園案例以供參考。今日，喜見造園家秋元通明先生的著作在台翻譯問世，今後將可提供國內專業教育與職業訓練時，對於造園景觀、庭園、植栽設計與施工，有一本更加務實的教科書。

李碧耆

台灣綠地科技園藝有限公司總經理
國立臺灣大學園藝暨景觀學系兼任講師

目錄

前言

「住家的庭園應該是一個美麗、且讓人沈靜舒暢的空間」，這是我的老師小形研三先生最常掛在嘴邊的話。身為園藝店家的兒子，我從東京都立園藝高等學校畢業後，就在小形老師身邊學習了將近二十六年，如果沒有這份幸運的話，大概就不會有今天的我。這本書集結了我從老師習得的基礎觀念，融匯成自己一家之言的各種感受與想法，以及平時寫給後輩的各種資料記錄。

東京出生的我，有時會想逃離都市的喧囂，去山林或溪流邊散步，最後都會認為「果然自然還是最美」。只要身處大自然之中，心靈就會被洗滌而沉靜下來。雖然其中原因我並不清楚，可能是大自然中有某種看不見的秩序存在，才會產生這樣的作用吧。日本的庭園雖被稱做自然風庭園，但在表現自然風時，那樣的秩序又要如何表現才好呢？我嘗試著寫下自身所感的各種想法。其中當然也會有與大自然的現象不一致的地方，但只要在自己所感的自然觀上加上創意巧思，就能表現出貼近自然的景色和氛圍，然後再與周圍設施相互調和，效果就會更好。

大自然中有險峻的山、豪快的瀑布。此外，也有像不知名的小溪和山林所呈現的那種沈穩的自然。在住宅庭園中，我想要呈現的便是如後者一般的自然風貌。雖然說使盡全力登上山頂也能帶來美好的感動，但若是在住宅庭園表現這種景色，對居住者的刺激度就過於強烈了。比起強烈的感動，住宅庭園應該更像是若有似無的存在，但其中也有宜人的刺激感才對。此外，我也認為這本書所記述的內容並不僅限用於住宅庭園，以宏觀角度來看的話，還能運用在公共空間等地方。

而且，不只是稱為自然風庭園、或和風庭園的日式庭園，還有其他像是西式庭園的不同庭園形式，本書的造園概念都能一體適用，只需要改變一下使用的材料、或表現的線條就行了，並不需要刻意去區別這些庭園的不同。

然而，只要有蹲踞或石燈籠就是日本庭園、或是只要有圓形池子或花壇就是西式庭園嗎？雖然一般都會把日本的庭園就視為自然風庭園，但是我們還是得簡要地了解日本的造園史，再從中推敲思索。

飛鳥、奈良時代	許多文化伴隨著佛教和儒教從朝鮮半島傳來，庭園也是其中之一。目前已有庭園的遺跡被挖掘出來。
平安時代	遷都至京都，貴族們的住宅演變成寢殿造的形式，並以池子和小島做成寢殿造的庭園。平安時代末期因為爆發了源平合戰而變成亂世，人們多追求極樂淨土、試圖從佛教中尋求解脫。爾後法然開創了淨土宗，這些思想也反映在平等院及毛

越寺的庭園上。

鎌倉時代　　　　親鸞提倡的淨土真宗在庶民中流傳極廣；榮西則是把海外帶
　　　　　　　　　回的臨濟宗思想，向鎌倉武士們廣為傳布，這時候的庭園多
　　　　　　　　　半被蓋成座禪用的修行場。

室町時代　　　　足利尊氏讓禪僧無窗國師建造庭園，從此造園便成為一種武
　　　　　　　　　家文化，出現了由禪僧的自然觀衍生而來的枯山水庭園。喫
　　　　　　　　　茶的風氣大約也是從此時開始。

安土桃山時代　戰國時代結束，二條城的二之丸庭園、醍醐寺三寶院的庭園，
　　　　　　　　　代表著做為此時代特徵的茶庭形式完成。

江戶時代　　　　長年的和平帶動了文化的進步；學問、藝術普及至庶民階級。
　　　　　　　　　大名的庭園、桂離宮庭園為此時期的代表。

　　如上所述，可見在各時代思想的影響之下，庭園的型態也會有所改變。在
經歷後來的明治、大正、昭和、來到現代，現代的日本庭園又會以怎樣的想法
來建造呢？地球上的大自然中混雜了人工的構造物。即使是森林裡也有「數寄
屋」建築（日本的茶室），或水泥建築等構造物。在同樣都是從想像大自然而
建造的庭園中，一般說來，也僅有日式建築物和西式建築物的不同而已，但若
是光憑這樣的差異就將日本庭園或西式庭園區別開來，也頗令人不解。雖然自
然風庭園一般都會被認為是和風庭園，但如果庭園的構成概念是相同的，那麼
即使把庭園裡的石燈籠換成雕像，或是將圓形改成方形，應該也不會有不協調
感才是。當然，最重要的是要使用優質的材料，思考這些素材要如何配置才能
看起來有良好的氛圍。不管如何，庭園的表現方式，和博物館裡展示重要文物
的擺放方式，或美術館展示繪畫的方式，應該是不同的。閱讀本書時，希望各
位能從下一頁的圖片開始，看過圖片後再進入後文的詳細說明。

　　此外，看到美麗的景物，每個人的感受都不盡相同，這是強求不來的。本
書中講述造園的拙文中，多有不合條理的傾向。我總覺得一旦是以有形的文章
或圖解來說明，就不是自己的本意了。而且我自己在造園時，也不一定會遵照
什麼原理來做。更何況我也認為，庭園作品並不需要什麼道理。所以，當然也
就不希望自己、或讀者被邏輯原理給限制住。

　　讀完拙作，我想大家應該會有許多不同的意見，但若是我的造園基本概念
能帶給大家些微助益、添枝加葉完成庭園的話，那就是我的榮幸了。

　　一九九六年九月
　　二〇一一年七月　修正

　　　　　　　　　　　　　　　　　　　　　　　　　　　　　秋元通明

不只是

日式庭園······

自然風庭園 設計範例

前庭
西式庭園
範例

範例一　有池子和蹲踞的庭園

　　鋪設兩條狹長的石板步道，再以飛石[1]讓一條步道連接水池邊，另一條則與蹲踞[2]相接壤。雖然池子裡只是蓄著水而已，但是一看到池子，就能讓人感覺出這是一座富有景深的庭園，這也正是此範例的視覺重點（從房屋望出的方向）。透過讓視線穿越池子前方樹木枝幹的方式，更加深了景深的效果。

譯注：
1. 飛石：有間隔的石板步道，兼具有造景與步行的功能。（參見第 123 頁）
2. 蹲踞：日式茶室中，入口附近的洗手處。（參見第 106 頁）

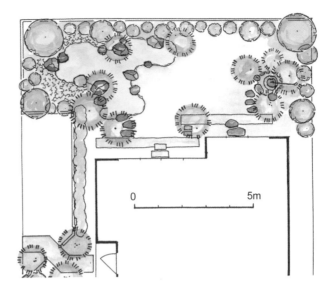

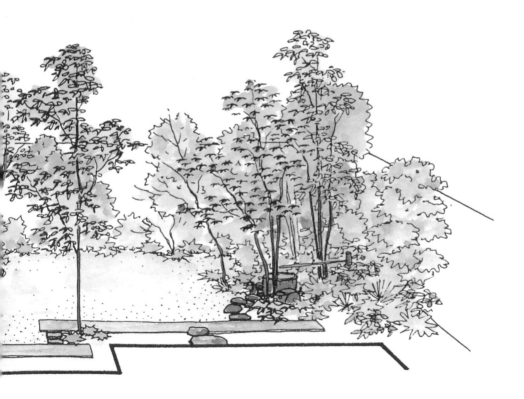

範例二　自然風平台的庭園

　　利用飛石連接建物側的平台、和裡側的石板平台。石板邊緣沒有修整成直線或曲線，而是留著像被蟲啃食過的樣子，呈現出柔和的氛圍。石板平台的大邊緣線，就像畫了一個 S 型，材料最好能使用如青石一般明亮的材質。如果可以的話，最好飛石也能選用相同的材質。周圍的樹木建議搭配柔和感的自然風植栽。庭園右側做成蹲踞造景，若能在背景上設置低矮的竹籬（約 40 ～ 50 cm），就能更襯顯出景深。不過如果竹籬太高，反而會有更顯狹隘的反效果。此外，石板平台也可以用相同形狀的水池來代替。

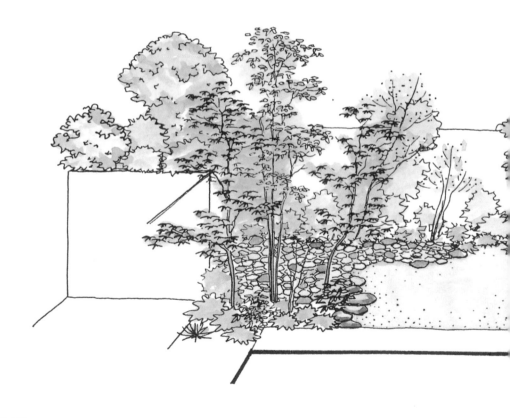

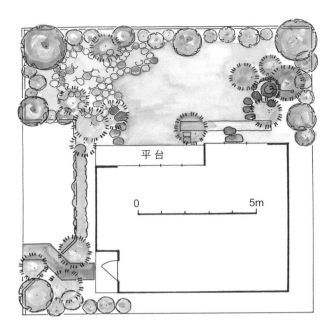

平台

0　　　　　　　　5m

範例三　平台上的蹲踞

　　在形狀單純的庭園裡，明確地呈現出近景及空間感的左側凸起方形處，這裡不論是造一個水池，或是建一座花壇，效果都會很好。庭園右側鋪設的石板平台上，在近景處設置了蹲踞，再取能與蹲踞相融合的石板，表現出不規則的邊界線；石材方面，不論是使用如青石一般明亮的石材，或是具有樸實感的丹波石都很不錯。

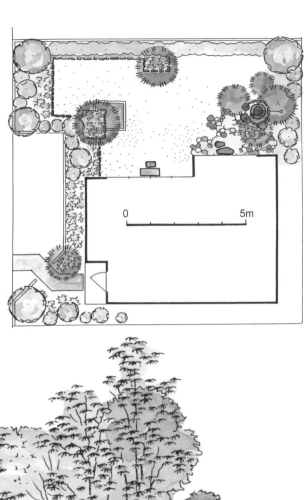

0   5m

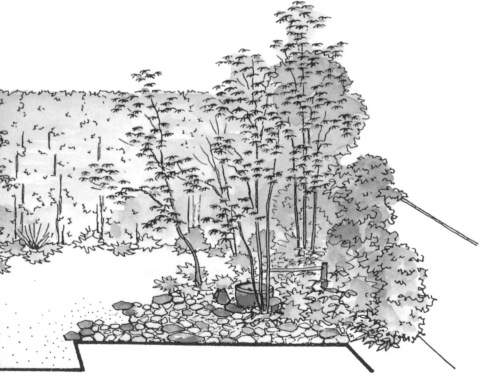

範例四　有小瀑布的庭園

　　在庭園左邊深處用石頭堆砌出低矮的瀑布，讓短短的水流落入平台前的水池裡。由於庭園較為狹仄，如果水量多，水聲也會十分惱人，大約控制在每分鐘 20 ～ 30 公升最剛好。植栽方面，筆者較偏好落葉樹；雖然種松樹、扁柏，就考量近景、遠景等處理上也不會有違和感，不過多少會有些沉重感。庭園的右側雖然也可以做成蹲踞造景，但為了避免庭園左右兩側都使用水景，這時候右側可以改設石燈籠，再以竹簾圍籬做背景。把正面的圍籬築得比右側的圍籬低一些，形成的高低差可以更凸顯出遠近感。

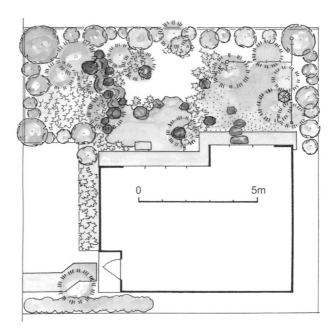

0   5m

範例五 以水池為設計重點的庭園

　　把整個庭園鋪設成水池，在左側砌出瀑布。前方可種植能增添瀑布景致的紅葉做為中景，在靠近建築物的地方，再以落葉樹做為近景。瀑布的後方可配植常綠樹，讓人聯想到深邃的山林。建築物的周邊鋪上石板平台，在與池水的接點處做成一小塊海濱沙洲。並且把石板步道靠水一側的端部想像成岬角，在此處配置岬燈籠強調出近景效果。庭園的右側鋪設了幾面粗面石牆，不過由於庭園比較狹窄，石牆的高度最好可以設定在 50 公分以下、並選用小顆、像筑波石一樣色澤沉穩的石材。石牆如果過高的話，會有壓迫感，讓人喘不過氣來。庭園右側若只鋪設石牆的話，效果雖然也不錯，不過擺上方形水缽的效果會更好。這樣一來，從主要視點向外眺望時才不會只聚焦於正面上。

0　　　　　　　　5m

m.akimoto

範例六　有蹲踞和流水的庭園

　　庭園整體採用自然風的設計。讓蹲踞滿溢出來的水，流經庭園深處，再注入右側的水池中。靠近蹲踞處的水流要清晰可見，不過流經庭園深處的水流就不要太引人注意。把流水注入水池的地方設置成低矮的瀑布。不過，光靠導水的長竹管流出的水要形成水流，這樣的水量其實是不足的，必須另外給水，或是把池中的水循環引入蹲踞前的「海」[3]。蹲踞的位置設置在石板步道斜後方約1公尺處，這樣可讓庭園使用起來更寬廣。

譯注：
3. 蹲踞周圍圍起的區域日文稱為「海」（參見第 106 頁）

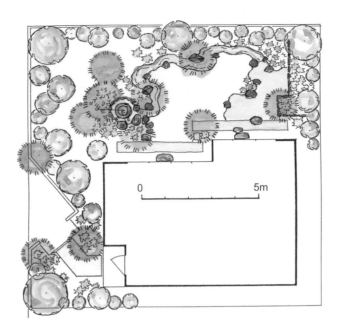

範例七　活用方形水缽的庭園

　　設置一只大型的方形水缽，使用古樸的石材等做成飛石，形成讓人
容易親近的平台，這些庭園素材不論用在日式、或西式建築都很適合。
植栽方面，以落葉樹（特別是葉幅窄小、分株形的娑羅樹等）為主，營
造出明亮的氛圍，背景則是以常綠樹來加強效果。庭園右側砌了一座低
矮的石牆，並設置兩處凸起部，呈現出遠近感。背景的樹木則是以黑櫟
或青剛櫟營造出一種高樹籬的俐落感。

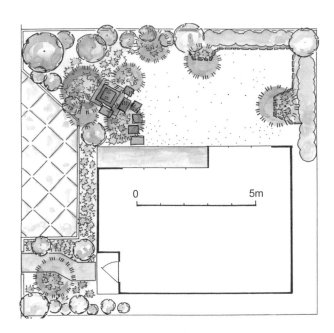

範例八　石板牆和枯石流⁴的庭園

　　正對建築物將設計統一在一斜線上。在近景處設置水池，並讓水流從石牆縫隙落下，呈現出水的流動。利用建築物前方的石牆、水池的凸出部、及庭園內的草坪空間，表現出庭園的景深。庭園右側則是以枯石流做呈現，在重點位置上設置石材，枯石流的邊緣建議使用丹波石或鐵平石營造俐落感。

譯注：
4. 枯石流為日式園林「枯山水」中的一種形式，是以碎石、細沙來代替水流。

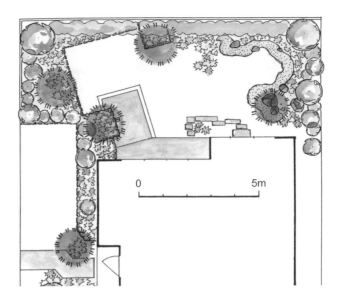

0   5m

m. akimoto

範例九 有曲線的石板牆和岬燈籠

　　庭園的左側是帶有明亮感的西式風格，右側則是樸實的日式設計。在西式的一邊，利用在平台中設置圓形水池做為近景，讓水從石板牆之間的石管流洩下來，表現動態感。日式的一邊則鋪上薄長形的石板（若是帶有古樸風格的墊腳石更佳）增添不同的變化，並搭配了岬燈籠凸顯效果，若改放花盆的話也很適合。

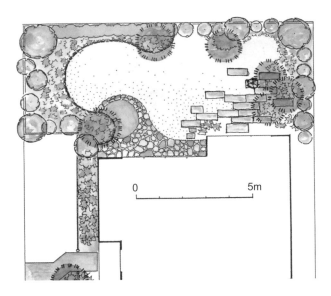

範例十　做為戶外室的庭園

在庭園裡鋪設大面積的平台、架設涼棚、擺放幾張長椅,做為戶外室使用。以石板材鋪設平台固然好,但利用磚塊鋪設會有接縫,特色更佳,其他部分再以混凝土洗石子的方式處理,這樣的做法不僅價格實惠,又可俐落完工。從房間向外眺望時,可看到從石板牆的縫隙間流下的水注入水池中。庭園的右側設置石燈籠,前方再種植了可遮掩光源的落葉樹,營造沉靜的氛圍。植栽的種類不求多樣,最好集中使用幾種就好,讓庭園顯得簡潔又明亮。

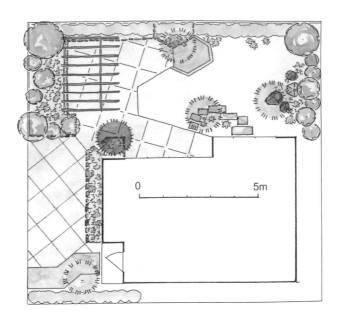

範例十一　有方向性的庭園

　　與建築物平行的庭園設計，是一般常見的做法，處理起來比較容易，不過只要稍微改變設計線的方向，會更具風味。在平台端部設置的水池，改做成花壇的話效果也不錯。庭園右側一前一後設置了兩段圍籬，帶出了景深感。圍籬可用細圓木或方木編成大間隔狀，要能看到背景的綠色植物為佳。

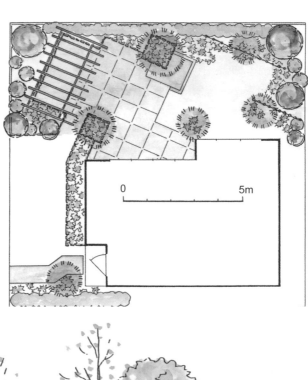

0   5m

西式庭園一　下沉花園和木造圍籬

　　將原本直線形的階梯彎曲成 S 形，可稍增視覺上的景深感，做為戶外室的平台設置成上下兩段。木造圍籬不採與建築物平行的方式設置，而是採斜行的方向強調出景深。

0   5m

西式庭園二 有日光露台的庭園

　　以平台、露台、木造圍籬、涼棚所組成的庭園中，將平台的一部分採下沉式設計，與露台形成高低差變化，並在涼棚上強調天空的存在感。植栽則是採柔和感的自然風。實際上，為了在背景處遮斷視線，有必要好好地配植樹木。

0   5m

西式庭園三 有寬敞平台和水缽的庭園

在大型的方形水缽裡注滿水，做出有如西式蹲踞般的氛圍。
從房間往外眺望時，做為戶外室使用的長椅，也能為庭園增添不
少樂趣。

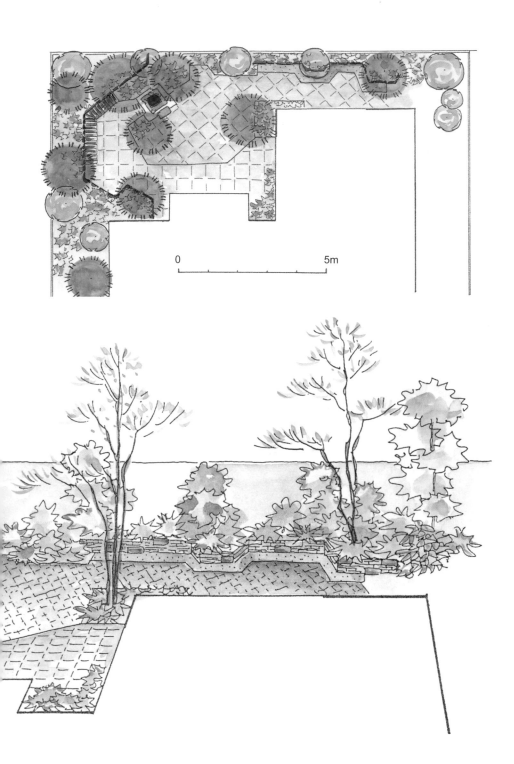

0　　　　　　　　　5m

前庭一　開放、寬闊感的前庭

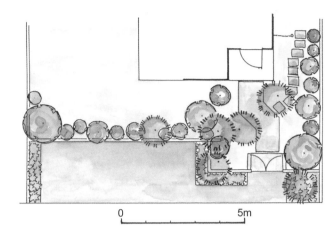

0　　　　　　　　　　5m

　　大門的位置設在比道路後退一些的地方，讓門前留有餘裕的空間，如此就能在圍牆前種一些樹木，柔化圍牆的剛硬感。此外，門前的圍牆如果能比鄰地邊界的圍牆（約 1.8 公尺）低一階的話，會較有開放感、看起來也更寬敞。大門要避免正對玄關，前庭的走道鋪得稍微曲折，更能強化景深感。

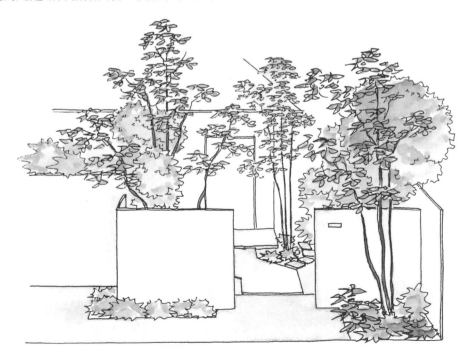

前庭二 斜向的大門可營造景深

大門方向與建築物呈斜角，可讓車子進出停車場時方便許多。而且，將大門設置成斜向，不但就不會直接看到玄關，還能拉長大門到玄關的距離，營造出景深。當停車場不需用來停車時，如果預算許可，可採和大門附近一樣的設計，呈現出整體感。

前庭三　讓停車場看起來像庭園

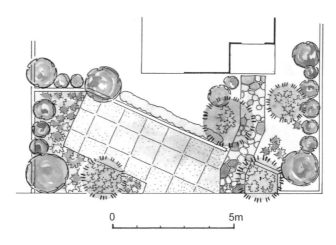

0　　　　　　　　　　　5m

　　停車場和大門與建築物呈斜向，圍牆不設置在公共道路的旁邊，而是在稍微內縮一點的位置上，讓圍牆前方形成開放空間，並種植大量樹木。在前庭用地的角落種植常綠樹，做為視覺重點；大門通往玄關的地方種植落葉樹，將建築物營造成座落於森林中的感覺。

前庭四　迂迴小徑可營造景深

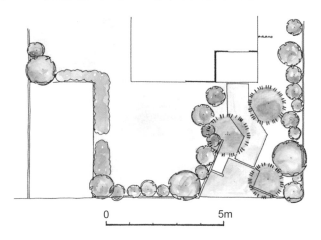

0　　　　　　　5m

　　將通往斜向大門的門徑通道折兩個彎，但如果超過兩個彎，便會妨礙行走而成為不良的設計。也要留意，如果大門的斜向相反了，視線就會落在起居室，也會讓起居室前變得狹窄。雖然這個例子可說是大門位置與停車場關係的最佳搭配法，但如果沒設計好造成使用不便的話，起居室前的空間也會讓人膩煩。

前庭五　兼具通道和停車場的前庭

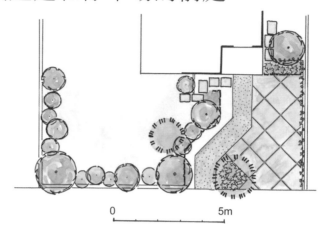

0　　　　　　　　　5m

　　將通道和停車場融為一體，省略設置大門，做成開放式的前庭。透過改變地板材的樣式表現車子的動線，即使車子沒停在停車場時也別有一番趣味。而停車場一旦有車停入，右側的空間就會相對縮減，架設網狀圍籬正好可確保前庭的綠意。

自然風庭園

第一章

設計的要點

第一章 | 設計的要點

　　設計庭園時，設計者不能只從平面圖思考，更重要的是要一邊想像立體構成的樣子，一邊做設計。如果不能透過立體思考同時兼顧實際狀況與整體格局，設計便會淪為不切實際的空想，而無法得到良好的結果。此外，從實際施工的材料優劣、到施工者的技術等，設計者也必須具備判斷能力。另一方面，施工者也必須能確實理解設計圖的含意，才能正確施工。如果設計者就是施工者，那應該會是最理想的情形吧。

　　因為每個人判斷事物是否美好、或是否有質感的標準、價值觀都不相同，所以設計者或施工者必須找出與客戶共通的價值觀，才能做出恰到好處的計畫。在平時就要鑽研多方事物，才能成為可因應不同需求的造園家。

　　雖然有些庭園中僅以樹木、石材構成，不過大多數的庭園還是會運用樹木、石材、水等多種素材組合而成。要讓人感受庭園之美，運用形狀良好、色彩絢麗的素材固然有其必要，但光是如此並無法營造出好的庭園。每一種素材或設施配置在哪個位置、如何搭配組合，才是讓庭園出色、贏得好評價的重要關鍵。總而言之，即便使用的是一流材料，並無法因此就變成好的庭園。

一、庭園的形式

　　在接到業主的委託時，不要急於著手圖面設計，要先針對客戶的期待、家庭成員的組合、建物樣式、用地形狀及周邊環境等進行調查，從中考量各種限制因素後再進行設計。

　　在設計之初還不確定方向時，其實很難判斷該設計哪一種形式的庭園比較好，以下的庭園形式可以做為參考基準：

整形式

人工景觀	對稱的人工景觀	・以一條中心軸為基準，呈左右對稱。
		・以一個中心點為基準，呈放射狀對稱。
	非對稱的人工景觀	・用非對稱的直線、圓形等進行設計。
自然景觀	寫景型態	・直接截取自然景觀的形式。
	縮景型態	・將自然景觀縮小後再加以呈現的形式。
	象徵型態	・以樹木和石材表現山林、以鋪砂表現出海的形式。
	抽象景觀	・不拘泥於自然景觀或造景材料，為追求美感而自由發揮的形式。

其他還有像是為了活動而設計、或像菜園一樣以栽培植物為主的實用型庭園、也有採用各種形式組成的複合式庭園。

庭園就如同上述有各式各樣的形式，在還不確定設計方向時可以把這些形式當成參考，滿足客戶的期待和各項條件後，再加上設計者的創意巧思，如此應該就能形成良好的構想。

有了構想也不必急著畫出來，經過一段時間冷靜沈澱，好的想法就會浮現。還要注意，如果過度期待、要將很多東西都放進庭園裡的話，這份設計很容易就半途夭折。因此，明確地篩選出構成上的重點，是相當重要的。

二、庭園構成的重點

所謂庭園構成的重點（修景重點），也就是那些在庭園構成上最重要的設施，必須考量以下事項：
- 該種植比其他部分（地方）更大棵的樹木，還是種植更多樹木？
- 該使用比其他部分更大的石材，還是集中使用大量石材？
- 該加高某處的地形，使其高於其他地方嗎？
- 需要其他設施嗎？例如設置瀑布、蹲踞；西式庭園的露台、壁泉或涼棚。

接下來，如果是與左右對稱庭園不同的非對稱式庭園，上述的構成重點要設計在庭園的哪裡才好，就得好好思索一番。

最重要的是，要避免從重要視點上看時，視線直接落在庭園的中央部附近，而是要把視覺重點（特別想要表現的景色、或是設施）設在庭園的左側或右側。如果把視覺重點設在庭園的中央部，會把庭園切割成左右兩塊，讓庭園有變狹隘之虞，因此要盡量避免這種做法。不過，如果庭園很寬敞、左右的距離很長，從任一視點看過來，都只會看到左側、或右側而已，那麼即使在左右兩邊都設計視覺重點，效果也不錯。但是遇到這種情況時，還是會傾向讓左右兩側像有主從關係一樣，稍微變化一下配置的比重。另外，避免重複採用相同的樣式也很重要。

避開庭園的中央部、將視覺重點集中在庭園左側、或右側時，還須考量庭園的地形、環境，以及面對庭園的房屋使用上便利與否等因素。可參考下列各項，綜合判斷後再做決定：
- 面對庭園的一側若是待客室或是客廳，會比廚房或小孩房這一側更適合做為視覺重點。
- 用地內有難以移植的大樹或大石頭時，應以此側做為視覺重點。
- 用地內有高台的一側、或是地勢斜度較大的一側，就要設為視覺重點。

- 如果鄰地有不想看到的景物、或是想要遮蔽的地方，也要以這側為重點。
- 如果鄰地有大樹或大片樹林的話，要好好利用這點，將視覺重點設在該側。
- 如果庭園左右兩側的進深差異極大時，要以限制少、有一定進深的一側為重點。
- 若庭園遠方的景色怡人，要盡量避免破壞景色，將視覺重點設在另一側。

圖 1-1 用地內有大樹的情形（不良範例）

從單一視點能看得到庭園的左右兩側、且用地上有無法移動的大樹時，即使把視覺重點設在另一側（例如左側），也會因為右側有大樹的緣故，導致左側的景色感覺被壓迫，而失去做為重點的意義。遇到這種情況，應該就以有大樹的一側做為視覺重點。

圖 1-2 用地內有大樹的情形（優良範例）

將視覺重點設在有大樹的一側，讓想要呈現的景色更加被強調出來。

就算只是庭園的一小局部，也要清楚表現出視覺的重點和非重點。

例如在有蹲踞的景中擺設比水缽大、搶眼的石燈籠，或在單一視點中放置兩座石燈籠，就得注意最想表現的景色或事物會不會被破壞掉。如果想放入很多東西，而忽略篩選出視覺重點的話，庭園會很容易變得凌亂且失去主題，這點要多加留意。

圖 1-3 將需要以植栽來遮蔽的部分做為視覺重點

如果鄰地中有不想看到的事物，或不想被看到的窗戶，就要考慮種植可用來遮蔽的植栽，並將該側做為修景的重點。

圖 1-4 以鄰地有大樹或樹林的一側做為視覺重點

鄰地中有大樹或樹林的話，要加以利用以這一側做為視覺重點。

圖 1-5 將庭園內有進深的一側做為視覺重點

當庭園左右兩側的進深不同時,應將進深較深的一側設為修景重點,這樣處理起來比較容易。

圖 1-6 利用遠方景色時的視覺重點

如果遠方的海景或山景十分優美,視覺重點就不要設在有景色的這一側,而是保持原本良好的觀景視線,並將視覺重點放在相對的一側。

三、關於「氣勢」

（1）氣勢是什麼？

庭園裡的樹木、石材等配置得宜時，不管從平面或立體的角度看，不僅能顯現出素材各自的質感和形狀，還能展現出雖然肉眼看不出來，但不管是什麼物體、在任何時候，都會有一股彷彿就要朝某個方向動起來的感覺。這些素材與其他物件、或周邊空間相互影響，整合成的方向、強弱、氛圍等感受，統稱為「氣勢」。

有形的物體之所以會給人躍動、或安定感，是因為從物體的形好像有一條看不見的線延伸了出來，牽引著勢在空間的方向，或是形體彷彿確實占據了一塊空間的感覺。舉例來說，我們可以想像一下武道家持刀或槍的姿態所展現出的氣勢。如果刀槍只是從武士背後露出前端，大概就很難在周圍形成什麼氣勢感吧。

在《作庭記》[1]一書中記載著，「既有像在追趕的石頭、就有像正在逃跑的石頭，還有像豬在奔跑的石頭」，這些都可以視為表現氣勢的文章。

筆直生長的杉樹，縱向生長會比橫向來得好，因為特別能讓人感受到往上伸展的氣勢。被削成圓球形的庭木，反而會讓人感受不到往特定方向延展的氣勢。松樹、梅樹樹枝的伸展方向也會有一股氣勢感。在庭石方面，特別是圓形和方形以外的石材，都能呈現出各種不同的氣勢。

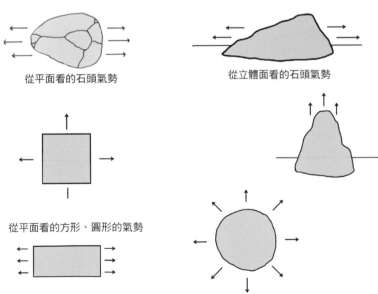

從平面看的石頭氣勢

從立體面看的石頭氣勢

從平面看的方形、圓形的氣勢

圖2 氣勢的方向

譯注：

1.《作庭記》一書是日本最古老、記載有關造園技藝的專門著作。相傳成書於平安時代後期，內容以造景的配置及方位為主，主要為闡述陰陽五行、四神相應觀念。

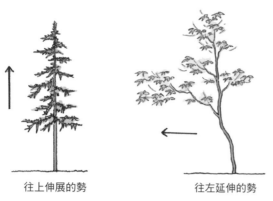

往上伸展的勢　　　　　　　　往左延伸的勢　　　　　　　　往右延伸的勢

圖 3　樹木的氣勢

　　在某物體氣勢影響所及的範圍內，如果有其他不同氣勢的物件干擾的話，整體的平衡感和一致性都會變差。因為兩物體之間有著肉眼看不見的氣勢互相交錯（氣勢的衝突），這種在空中交錯的樣子雖然是很主觀的感受，卻會讓人覺得煩躁。

　　在構築庭園、思考要配置幾棵樹木、組合石材時，若能從整合氣勢、或分散氣勢來考量，最後形成的景致就能夠整合一致。若忽略了氣勢，那麼庭園也會顯得雜亂無章。

　　圖 4 的組合就是樹木之間的勢相互衝突，使彼此的優點盡失，造園時要避免這種情況發生。若是像**圖 5** 園路兩側的植栽這樣，為避免彼此的氣勢衝突而改變種植的位置，還能凸顯出景深感。

　　圖 6 則是氣勢極端不同的組合，因為彼此間的氣勢朝反方向延展，所以也感受不到美感（雖然一般而言，不會只用兩棵樹木來組合造景）；不過若像**圖 7** 這樣，再加入一棵筆直的樹木形成三棵樹的組合，把新加進的樹木當成中心（主樹），左右兩棵樹就不會給人相互排斥的感覺。這時，新加的樹木與左右樹木在高度和距離上都要做一些調整，必須避免三棵樹被排成一直線，而是要配置成不等邊三角形的樣子，這點很重要。

圖 4　氣勢的衝突

圖 5　避免氣勢相衝突的植栽方式

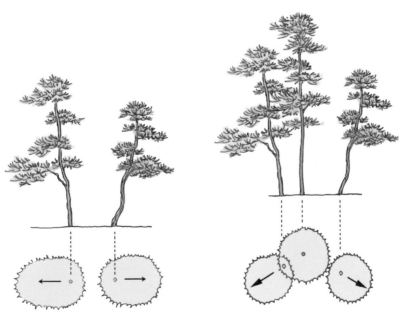

圖 6　氣勢的相斥　　　　圖 7　氣勢相斥的緩和方式

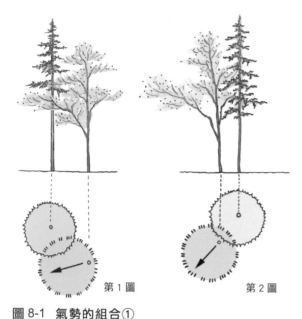

圖 8-1 是向上氣勢與向左氣勢的組合。但**第1圖**中，在往左延展的氣勢範圍內有垂直的樹木交錯，十分不協調；如果能像**第2圖**這樣，就不會有兩個不同延展方向的氣勢交錯在一起的情形。不過，實務上也不會只有兩棵樹木的組合。

圖 8-2 看起來是上方樹木的分枝壓制著下方的中木（特別是中木的氣勢並不強烈）的頭一樣，給人壓迫、喘不過氣的感覺。碰到這種情形時要像**第2圖**這樣，在兩棵樹之間保留一定空間，或是把中木移到視點的後方。

第1圖　　　　　　第2圖

圖 8-1　氣勢的組合①

第2圖

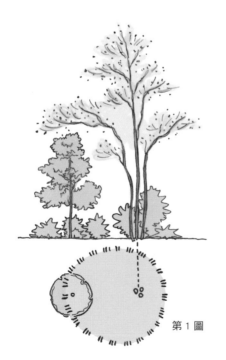

第1圖

圖 8-2　氣勢的組合②

在配置石材組合時，同樣要注意氣勢的整合，呈現出一致的動態和關連性。下圖的幾種石材組合中，如果氣勢的變化走向極端的話，呈現出的效果就會不佳。

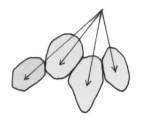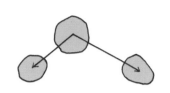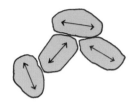

氣勢過於沒有變化的組合。只要取任意一點為中心，把石材分散開，就會有很好的整合效果。

正中央配置一顆大型主石，在不等邊三角形的頂點配置中、小型副石，與主石連結的軸線就是石材組合的氣勢。

氣勢過於有變化的組合。既缺乏一致性，看起來不舒服且難以親近，整體感不佳。

圖 9 石材組合形成的氣勢

●樹木的氣勢

把樹木當成「植栽材料」時，很自然地多會以感覺較好的一側做為正面。直至今日，而讓人感覺比較好的那一側，一般都還認為是在日照充足下生長狀態良好、枝葉茂密的那一側；或是生長在好幾棵密植的樹木中，朝明亮處伸展的那一側。這些觀點都只是把樹木當成造園用的一個平面區塊來看待，固然是很普遍的方式，但其實也可以採取不同的觀點，改從樹幹的彎曲方式、而非枝葉的茂密程度來判斷正面、或內面。採取這個方法時，氣勢就會是一項很重要的判準。當利用樹幹的彎曲方式判斷正反面時，會發現有些樹木朝向日照生長的枝葉方向，會與樹幹的氣勢方向恰好相反。不過不必在意，因為枝葉生長的方向會隨著來年新長的枝葉而改變，但樹幹彎曲的方向，除了苗木之外，幾乎都不會再有變化了，這點在選擇植栽時要特別留意。

另外，樹木的正面與內面，也會因個人主觀的不同而難有一定的標準，而實際上，植栽時的主要視點也會有各式各樣的可能。因此，與其煩惱樹木的正面究竟該朝向哪個方向，倒不如思考如何整合樹木的氣勢。

圖 10 將與樹幹彎曲方式無關的枝葉茂盛程度，視為整體庭園中的一小塊平面時，通常會以日照較充足的那一側做為正面。

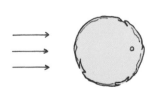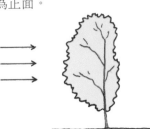

圖 10 樹木的表與裏

種植樹木時，還須留意樹木的植栽方向，這是非常重要的。所謂樹木的植栽方向，是指要以怎麼樣的傾斜角度來種植樹木。如果是直幹型樹木（像是杉樹、銀杏等）的話，可直接用一般垂直的角度來種植。不過話雖如此，實際上無論是直幹型或其他的樹木，或多或少都會有些彎曲。其中在庭木上最容易使用的樹形是，從氣勢延伸的方向看過去時，必須不能有太大的彎曲，樹幹看起來要幾近垂直。而在氣勢延伸方向的垂直角度近距離看時，上半部或上方的三分之一處要稍有垂直感，讓整體看起來像和緩的S形，這樣就是理想的植栽。

此外，必須極力避免使用樹幹彎曲太複雜、或過度呈弓狀的樹木。如果非得種植這一類型樹木的話，最好做為獨立樹、或是利用其他樹木掩飾掉不良彎曲中過於顯眼的部分。

像圖11-2那樣、不管從哪個方向看過去，樹幹的彎曲都很複雜，就算跟其他樹木搭配也很不協調。所以說，樹木的挑選需謹慎才行，如果必須使用現有的樹木，也要盡可能讓樹木上方看起來呈垂直狀，在樹木的前面種一些灌木等，把下方不美觀的部分掩飾起來。

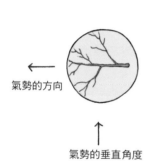

氣勢的方向

氣勢的垂直角度

圖 11-1 樹木的植栽方向
（直幹型樹木）

從氣勢方向的前、後方看，
樹幹最好呈些微垂直。

從氣勢方向的垂直角度看，
樹幹呈和緩的S形最佳。

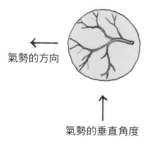

氣勢的方向

氣勢的垂直角度

圖 11-2 樹木的植栽方向
（曲幹型樹木）

氣勢方向的前後方

氣勢方向的的垂直角度

（2）氣勢的實際運用

　　那麼，實際將氣勢運用在庭園設計、或現場展示時，要如何組合各個氣勢不同的物件，才能達到統一平衡的效果呢？

　　我們可以用**圖 12-1** 倒扣的碗形一般、簡單的山林平面圖來思考、說明。一般而言，在這樣的山形中生長的樹木，氣勢應該會呈現如箭線一樣的放射狀，雖然也會有朝 A 方向延展的氣勢，不過這種情形相當罕見，可先省略不談。

平面圖

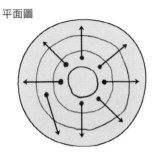

圖 12-1 山上樹木的氣勢（平面圖）

立面圖

圖 12-2 山上樹木的氣勢（立面圖）

　　若以立面圖的方式來思考**圖 12-1**，樹木的氣勢應該會呈現如**圖 12-2** 的樣子，這在山林中是極為自然的景象。

　　再利用手邊的物件思考看看，就像**圖 13 第 1 圖**的花束被攔腰剪斷後的形狀一樣，並不是每一支花莖都會向外散開。而是會出現中心部分的花莖還是幾近垂直，但愈外側的花莖愈有向外側散開的傾向。從整體來看，這樣的傾斜變化整體上還是能保持平衡感。但如果像**圖 13 第 2 圖**那樣，將傾斜的花莖從一整把花束中單獨抽出來種植的話，花莖便會出現東倒西歪的情形，這就是要特別注意的地方。總之，當樹木不是單獨種植、而是採組合的方式種植時，只要設定一個中心點，即使有傾斜掉的樹木，還是能維持住整體的平衡感。

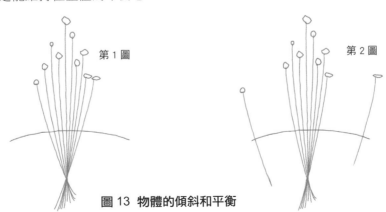

第 1 圖　　　　　　　　　　　　第 2 圖

圖 13 物體的傾斜和平衡

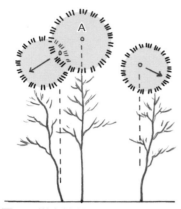

圖 14　樹木植栽的氣勢

如圖 14 的植栽，做為視覺重點中心的樹木（A）幾乎是以垂直的角度種植，而兩旁植栽的樹幹根部要稍靠近重點樹（A）。雖然旁邊這兩棵樹的彎曲程度會因實際情況而不同，但基本上，只要樹幹中段以上略呈垂直、頂部彎曲的方向與重點樹相反，自然地順著自己的氣勢方向伸展，效果就會很好。從樹木頂部的平面圖來看應該就能了解，標示在圓的中心處的樹幹是幾近垂直的樹木，而不是在圓中心的樹木，則需與樹幹 A 形成箭線方向的氣勢。

如果像圖 15 第 1 圖一樣，山裡有 A、B、C 三棵樹，假設位於頂點的 A 是沒有特定的氣勢方向、垂直的樹木，B 和 C 則會各自形成箭線的方向，也就是說會以 A 為中心點、呈現放射狀的氣勢。即使是像第 2 圖一樣有些變形的山，氣勢的走向還是會以 A 為中心，呈放射狀。

當面積愈廣闊，地形也會變得更複雜，當然，如果樹木的數量變加，氣勢走向也會跟著複雜起來，從第 3 圖就可以清楚理解。把 A 周邊的植栽視為主要的視覺重點，B、C 的小山當成次重點的植栽，這樣就能從 A、B、C 的箭線方向來思考氣勢的走向。

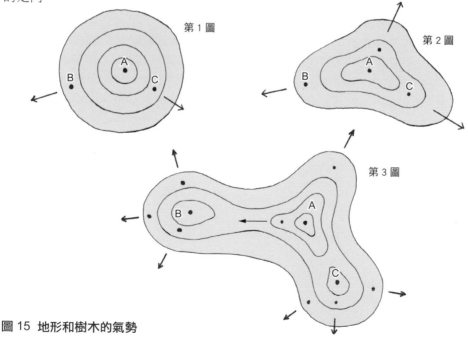

圖 15　地形和樹木的氣勢

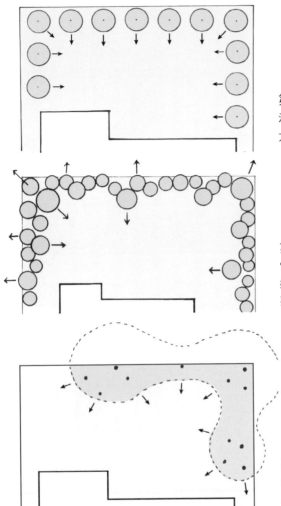

第 1 圖

沿著圍牆排列種植氣勢相近的樹木時，氣勢的
方向最好能和圖中箭線的方向一致。

第 2 圖

當庭園用地變大、植栽的數量也會增加。這時，
如果是以從用地外看進來的視點設計的話，就
要考量讓氣勢向外延伸。

第 3 圖

把圖 15 第 3 圖的山形運用在這塊用地時，也會
呈現大致相同的箭線氣勢走向。

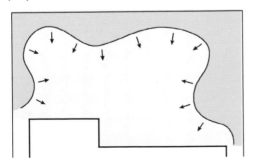

第 4 圖

在如左圖的地形線上配置植栽時，與地形線幾
呈垂直的箭線就是氣勢的方向。

圖 16-1 氣勢的實際運用（用地內的植栽）

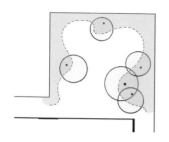

圖 16-2　氣勢的實際運用
　　　　（狹窄用地　·　不良範例）

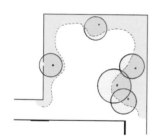

圖 16-3　氣勢的實際運用
　　　　（狹窄用地　·　優良範例）

　　在狹窄的用地內，如果把所有土地劃分線上的樹木氣勢都朝向內種植的話，會很容易造成氣勢上的衝突，或導致彼此的枝葉交錯，就像圖 16-2 帶給人的沉悶感一樣。遇到這種情況，就要依圖 16-3 的做法，將重點植栽的氣勢統一向外，或盡量不要妨礙到重點植栽的氣勢，將旁邊的次要植栽改種小型樹木來替代，或者就乾脆省略掉，也是不錯的做法。

　　而且，氣勢不只存在於庭園用地的周圍和土地劃分的接線上，包括建築物的周圍、植栽、石材組合的氣勢，也都要考量到。尤其是在建築物附近種植樹木，特別能強調出遠近感的效果。如**圖 17 第 1 圖**所示，建築物本身也會有如箭線方向一樣的氣勢。如果將建築物的整體想像成**第 2 圖**一樣如山的地形劃分線，應該就能理解了。但要留意，視覺的重點得擺在建築物向外凸的部分，而不能放在建築內凹的部分。如果建築物規模很大，也可以像**第 3 圖**的做法，把內凹部分設為次要的視覺重點。不過在這種情況下，A 的位置最好還是不要設在內凹部分的中心點。

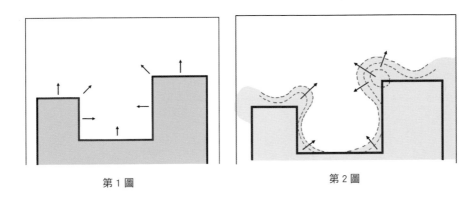

第 1 圖　　　　　　　　　　　　　第 2 圖

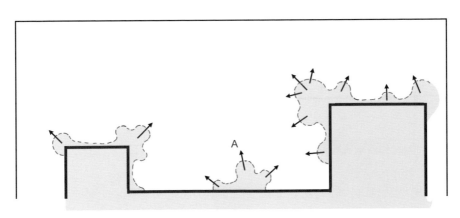

第 3 圖

圖 17　氣勢的實際範例

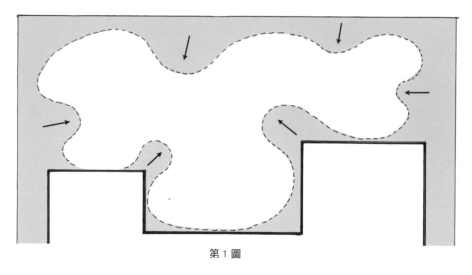

第 1 圖

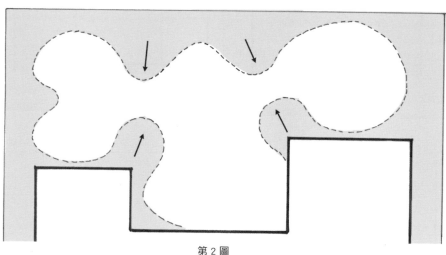

第 2 圖

圖 18 用地周圍和建築物周圍的氣勢

　　庭園用地和建築物的周圍都帶有一定的氣勢，思考庭園設計時若忽略了任何一方，就很難達到良好的效果。所以設計庭園時必須評估整體情況，才能著手進行設計。如果像圖 18 第 1 圖這樣，庭園用地周圍的氣勢和建築物周圍的氣勢不致形成正面相對（不相互衝突）的設計，那麼應該就不會出什麼大錯。而**第 2 圖**那樣氣勢相對的設計則要避免。不過此原則也有例外，如果庭園用地很寬廣的話，就算氣勢方向互相衝突，只要能錯開彼此的勢力範圍、保留一定的空間，還是行得通的。

四、空間的構成

　　在欣賞庭園時，除了欣賞樹木、庭石、石燈籠等個別構成材料之外，其他什麼都沒配置、空下的地方（空間）也是欣賞的對象；這空間正是用來凸顯其他素材、展現景深感的重要因素。這些空間在造園上稱為「襟懷」、「空白」、「餘裕」等，與繪畫中的「留白」，音樂或戲劇裡的「停頓」道理相當。

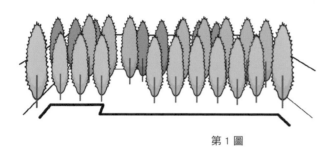

第 1 圖

第 1 圖的用地裡種滿了樹木，沒有留下一點空間的庭園就像是園藝繁殖苗圃一樣，不但感受不到美感和廣度、也容易讓人覺得無趣。

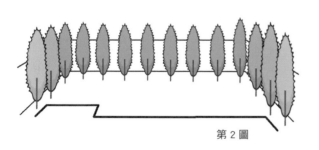

第 2 圖

第 2 圖的用地裡，只有周圍植有樹木，雖然能有寬敞的空間感，但缺少空間的對比物，無法讓人產生庭園比實際面積寬廣的感覺。

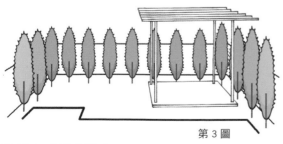

第 3 圖

第 3 圖裡的涼棚可當做空間的對比物，在收攏天空景色上，是很有效的設施。

圖 19-1　空間的構成

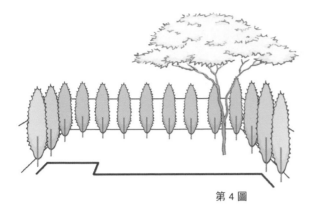

第 4 圖以可遮掉半邊天空的大樹為對比物，可強化庭園的存在感。不過因為大樹下方的枝葉會形成日陰，還需考量植物的配植等問題。

第 4 圖

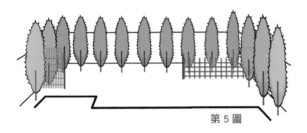

第 5 圖是利用竹籬笆、或圍籬切割出空間，營造出景深感。不過如果籬笆過高的話，反而會產生壓迫感的反效果，這點要特別留意。

第 5 圖

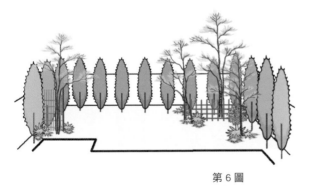

第 6 圖是在第 5 圖的圍籬前後方再種植樹木、設置石燈籠，這樣也能營造出不同的趣味。

第 6 圖

圖 19-2 空間的構成

五、遠近感及空間

　　即使是相同面積的庭園，也能利用不同表現方法，營造出富有景深感的寬敞庭園（讓人感受庭園之美的重要因素之一，就是無論如何都要讓庭園看起來很寬廣）。其中的一個表現方法就是，當庭園有景深時要設出近景和空間（留白）、中景和空間（留白）、以及遠景；即使在沒有景深的狹窄庭園中，也要設出近景、空間（留白）及背景，藉此形成對比，強調出庭園的遠近感。

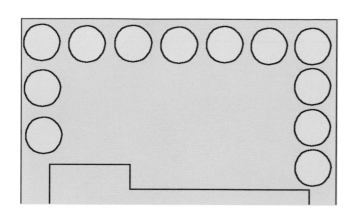

第 1 圖

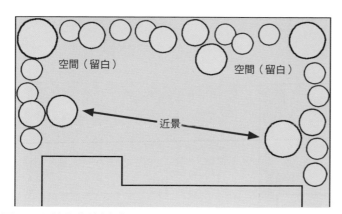

第 2 圖

圖 20　用地內的遠近感

　　圖 20 第 1 圖當中，只有在用地外圍種有植栽，並沒有特別強調近景和中景，這樣就無法讓人感覺到遠近感。反觀**第 2 圖**，只是以稍微遮掉遠景的方式做出近景，或在有景深的庭園裡設定中景，這兩種做法都能讓人感受到景深，使庭園看起來更寬敞。不過在這種情況下，近景不能完全遮蓋住遠景，近景的植栽要讓視線可穿透看到遠景才行。

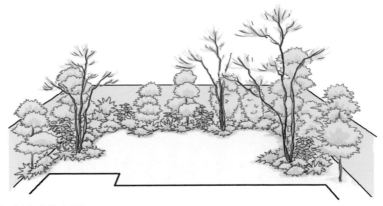

図 21-1 有遠近感的庭園

図 21-2 沒有遠近感的庭園

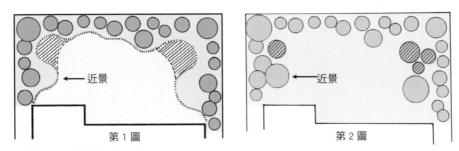

圖 22 營造庭園遠近感的方法

　　圖 21-1 視線可穿透近景處的樹木枝幹進而看到遠景，這樣的手法具有讓庭園看起來更寬敞的效果。

　　但若像圖 21-2 那樣，近景處的樹木完全遮掉了遠景，就會帶給人很沉重的感覺，讓庭園看起來很狹窄而不討喜。

不論是種植圖 22 第 1 圖的低木，還是第 2 圖的高木，只要是在遠景與近景之間的斜線部分種植樹木的話，就很難呈現出景深，因此斜線部分最好都做或留白空下來，要不然就要用比近景還低的素材來表現。

圖 23-1　庭園的遠近感（優良範例）

圖 23-2　庭園的遠近感（不良範例）

　　如圖 23-1 這樣只有栽種低木的庭園，只要設好近景、並在近景後方留下空間，就能呈現出具有一定程度景深的庭園。

　　但如果庭園做成像圖 23-2，感覺不出近景和留白空間的話，不但很難呈現遠近感，就連美感也會大打折扣。

　　在庭園裡配置流水或水池也是為了強調出遠近感，只要將自然和緩的單調曲線做得稍微歪曲，就能將遠近感強調出來。

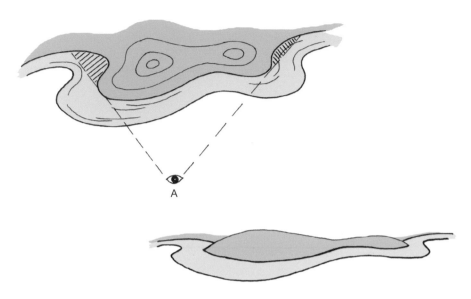

圖 24　讓人感受到流水景深的範例

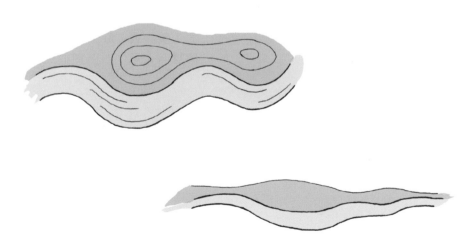

圖 25　讓人感受不到流水景深的範例

　　如同**圖 24** 所示，從 A 視點看過去時，如果讓流動的線條歪曲的話，視角斜線以外看不見的地方就會形成留白空間，藉此更能感受到強烈的遠近感。但如果是**圖 25** 的話，可以說是一點兒景深感都沒有的流動線條。

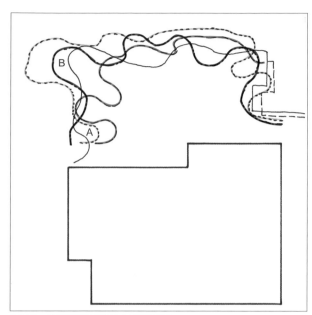

圖 26　自然風庭園的地形區劃

本書的設計範例（P12 ～
44）分別畫出了不同設計風格
的庭園，在以線條表示各種自
然風庭園的地形區劃中可以發
現，當從主要視點往庭園看過
去時，幾乎所有的庭園在A點
附近都會設有做為近景的凸出
部，而B點則會做成和凸出部
相對的留白空間。由此可知，
與近景相對的留白空間，就是
呈現庭園景深最重要的一項技
巧。

在空間B當中設置瀑布、
流水、水池的話，也能呈現出
不錯的效果。

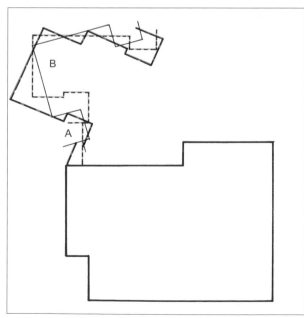

圖 27　西式庭園的地形區劃

設計範例中（P34 ～ 39），西
式（整形式）庭園設計的例子
同樣有表示地形區劃的線條，
幾乎與自然風庭園是一模一樣
的結果。構成上都是在A處設
好近景、在B處空下留白的空
間。做為留白空間的B處有時
什麼也不擺放，有時也會在露
台上搭設涼棚，或是做成水池
及花壇也很不錯。如果在B處
種植大樹，形成如同近景效果
的話，會讓庭園看起來很擁擠，
還是避免為宜。

六、真・行・草

「真・行・草」也許是極為老派的概念，卻是表現美感的方法之一；以書道比喻的話，造園其實也很像真・行・草所指的「楷書・行書・草書」一樣。雖然這三者沒有明確的基準，不過大致上，「真」指的就是正確、端正；而「草」和「真」正好相反，要不受到形的拘泥，以柔軟感巧妙地省略掉形的部分、或是呈現出凌亂的美感。「行」則是介於真和草之間。

要適當地以真・行・草的方式做設計及施工，就必須充分了解委託者的期望與喜好、建築的樣式、庭園使用方式等，再行決定。簡單地說，就是要考量建築物和庭園彼此間是否相襯合宜。

在設計當下，思考建築物和庭園這兩個性質相異的物體要如何連結才會協調時，必須是從建築物到庭園、或從庭園到建築物之間依次變化出的各種氛圍，都沒有違和感才行。在自然風的日式庭園中一樣可以有壁泉和露台，在西式建築的庭園設置蹲踞、瀑布、流水同樣也不會有什麼問題。而如何妥切地連結好這些設施，才是重點所在。

用顏色來比喻西式建築和日式蹲踞的話，就像是紅色和綠色這兩種極端的對比色，雖然很難調和在一起，也會讓看的人產生強烈衝擊、騷動且難以相容的感覺，不過若能在綠色周圍使用補色、讓色彩漸漸演變成紅色的話，就能呈現出一定的協調感。

除了顏色之外，同樣的概念也可以應用其他事物上，像是透過修飾表面做變化、或表現新舊變化等。比方說要在西式建築裡配置日式素材沓脫石（放鞋用石板）的話，加工過的方形切割石板就會比自然的石材更為合適。在日式建築中，從厚重的書院[3]式（真），到草庵[4]式等各式各樣的建築中，光是一根柱子就能分辨出是真、行、或是草的風格，因此，運用各種素材好好處理置鞋石板（沓脫石）和外牆邊的狹長平台（犬走[5]）等，這樣的心思也是非常重要的。

以圖28為例，若是將圓木的四邊刨掉後形成厚重感的形狀當做「真」的話，那麼「行」就是雖刨掉了四邊、但還留有部分樹皮做為表面；「草」則是幾乎沒有加工的圓木，甚至是表面有發霉留下的黑色斑點、或是帶有鏽蝕粗野感的自然圓木（用於茶室休息處等地方），光是看柱子的加工法就有各種不同的風格。

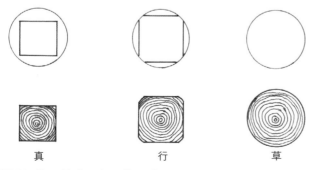

真　　　　　　　行　　　　　　　草

圖28 柱子的真・行・草形式

七、「職人」的原則

　　日本的造園職人自古以來經歷了長期的累積與淬練，這些流傳下來的造園技藝不只是教條而已，更是職人們親手操作、身體力行後所體悟的原則。摘記其中幾項如下：

- 偏好一、三、五、七、九等奇數。在鐵砲竹籬[6]等都還能看得到這些奇數的運用。
- 要在某個特定寬度、或幅度裡擺放物件時，或者是在分割某一個物件時，不會以等比例的方式分割，而是會以七：三、四：六的比例，或是接近這樣的比例分割最為常見。
- 種植樹木或配置石頭時，會避免將三個以上的物件並列在一直線上（因為自然界中幾乎不會看到直線的排列）。這個原則不僅限於平面的直線而已，包括從立面看時，也要避免樹木或石材的頂端形成三個以上並排的情形。
- 放在中央的是主要物件，放在左右的第二位、第三位物件大小不能相同、或同間隔，這是大忌。

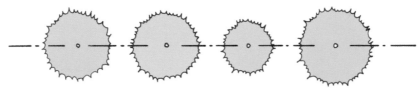

圖 29　直線並排非常不好

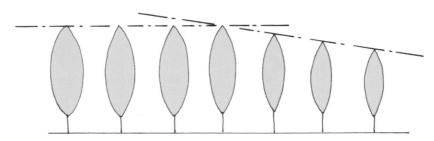

圖 30　天際線排成一直線也非常不好

　　如圖 29，從平面看，不要讓三個物件並排在一起，不過若是樹籬、或石牆等，可不受此限制（兩個物件擺在一起就叫並排，應避免這種情形發生。配置時應以一個做為最小單位來思考，其次是三個。遇到四時，要視為一和三的組合）。

　　從圖 30 的立面可發現，每個物件的頂端連成了一直線，應避免這樣的設計。改在天際線上做出高低起伏，就可避免形成一直線。

譯注：
6. 鐵砲竹籬是將未經加工的竹桿以縱向交錯排列的形式做成的一種竹籬笆。

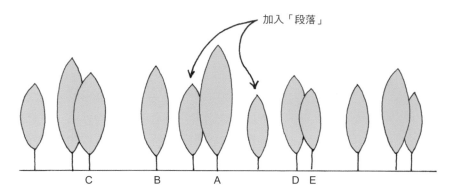

加入「段落」

C　　　B　A　　　D E

圖 31　加入段落

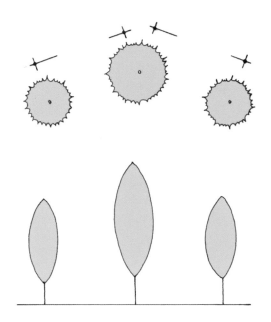

圖 32　避免等腰三角形的排列

　　要在天際線上做出起伏的效果，可參考圖 31 的 A、B、C，或是 A、D、E 的樣式來呈現，切勿以由高至低、由低至高的順序排列，而是要在天際線之中加入「段落」，以呈現出自然的感覺。

　　圖 32 中央物件的兩旁，以相同的間距擺放了同高度、同大小的第二、第三物件，這種情形也要避免（三者雖沒呈一直線，但卻會形成等腰三角形，看起來很僵硬、沒有變化）。

　　三個以上的物件組合，無論從立面還是平面來看，都要能夠平衡協調，這是最基本的。如圖 33 這樣，可利用有景深的不等邊三角形排列法來配置。而且，是要以不等邊三角形的鈍角為中心（三個物件不能排列成直線、也不能排列成等腰三角形，那麼自然就會形成不等邊三角形）。

　　從重要的欣賞位置觀看庭園景色時，要避免在差不多相等的距離上看到兩個以上的主要欣賞物（例如石燈籠）、或是有兩個以上的物件重疊在一起的情形（這和視覺重點的強調有密切關聯）。

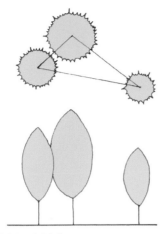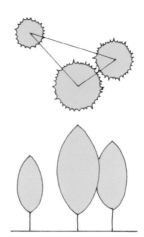

圖 33　平衡感良好的基本形

主景

主景

圖 34　從欣賞位置看時，需避免的情況

八、暗示和聚焦

　　所謂暗示的手法，是指把想讓人看到的景色或是實際的物件遮掩掉一部分、或大半部，利用引起觀者的想像而產生景深感的手法。舉例來說，當從某一視點往重點方向的瀑布看過去時，卻只能聽到瀑布流水的聲音、或只能看到部分的水流，這種讓人看不清瀑布周圍景象的表現手法，能讓觀者在心中產生美的想像，甚至興味盎然地從視點進一步前往尋找，好像第一次看到這些事物般。

　　而聚焦的話，則是指像在園路的盡頭擺放石燈籠、水缽等值得一看的造景物，供觀者停留欣賞的手法。

　　暗示和聚焦是剛好相對的兩種表現。在造景上有九成以上會採用暗示的手法，而適當使用聚焦手法可營造庭園的沈穩感；但如果兩者應用的比例相反的話，就會變成一點都不沈穩的炫耀表現，這點要特別留意。

第二章

植栽的要點

第二章 ┃ 植栽的要點

一、自然風的植栽

　　在說明植栽前首先要了解，對使用植物的造園家來說，最重要的就是必須熟知將要使用在庭園上的各種植物。不能因為植物圖鑑刊載了，就輕率使用，一定要先了解植物的自然樹形、生長高度、移植難易度、適合移植的時期、耐寒・耐熱的程度、屬於陽性樹・陰性樹，還有是否耐潮、和生產運送等，才能開始擬定植栽計畫。

　　決定好庭園的構想後接著就要選定樹種，若一時貪心使用太多種植物，會讓統整上變得困難，而無法做出具有沈靜感的庭園。因此，首先要決定主要的樹木，再選擇其他幾種植物做搭配。當然使用單一樹種來做植栽也不錯。若採用數種植物以群株栽種（組合配植）時，就必須選擇樹形相似的樹種。如果是直幹形的樹木，種植時在高度、間隔及排列方式上做一些變化，效果也很好。而且，除了直幹形的樹木之外，其實幾乎所有樹木的樹幹都有一定程度的彎曲，所以在高度、間隔、排列的變化以外，統一樹木彎曲的方向也是很重要的。

樹幹之間的搭配、間隔、及高低變化都被適宜地統一起來。

樹幹之間的搭配不良，互相交錯的枝幹看起來顯得雜亂。

圖 1 群株栽種（組合配植）的優・劣範例

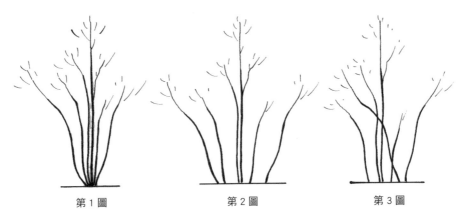

第1圖　　　　　　　第2圖　　　　　　　第3圖

圖2　樹幹彎曲方向的統一

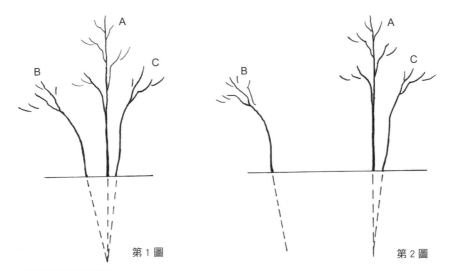

第1圖　　　　　　　　　　　　　　　　第2圖

圖3　組合配植的平衡

　　像圖2第1圖的分株型樹木，就算只有一株，大多也能維持良好的平衡狀態。

　　即使將第1圖的樹木改以第2圖的間隔方式種植，也能維持住平衡感，搭配出的效果也很好。但若以第3圖的方式種植，就算是相同的樹木，也會因為樹幹的彎曲方向沒有統一，而顯得雜亂許多。

　　圖3的第1圖是三棵樹的組合。相對於正中央的A樹，B、C二棵樹都是樹幹下半部都有些向外傾斜、上半部稍呈垂直，整體來說，三棵樹維持在良好的平衡狀態。但第2圖的話，B樹距離A樹的影響範圍太遠，無法將三者統整起來，使B看起來就會過度傾斜了，這一點要特別留意（也就是說B樹的傾斜會與A樹形成相對效果）。

二、植栽的平衡

　　平衡一般是指在一中心點、左右的力量處於均衡的狀態。然而，這樣的平衡狀態其實無法在實際施工時完全按照理論來施做。但這種平衡的感覺要當做是一種概念來加以活用比較好。筆者年輕時曾學過插花，在那時學到的平衡概念非常管用。有興趣的話，各位不妨從插花開始學習看看。

　　要以自然風植栽的方式種好三棵樹時，為什麼要在高度上做變化，將樹木配置成不等邊三角形比較好呢？因為當以主樹做為中心時，兩旁配植的樹木如果都與主樹相同高度和間隔的話，雖能得到左右一致的平衡感（均整一致的平衡），但這種端正、四平八穩的平衡感，反而會顯得沉重、了無生氣。

　　所以，將主樹視為中心，同時稍稍改變左右兩側樹木的間隔距離和高度，雖然整體的平衡會顯得較不均整，但卻能呈現出躍動、自然不刻意的平衡感。

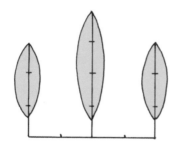

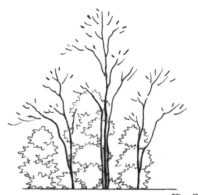

左右兩側的樹木都與中間的主樹保持同樣的高度和間隔，雖然能維持住平衡，但卻會顯得沒變化、缺乏躍動感。（強調人工修整的整形式庭園不在此限）

第 1 圖

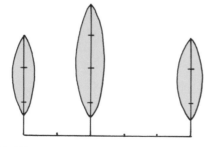

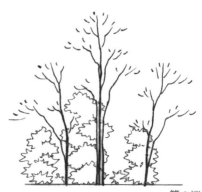

左右兩側的樹木與中間主樹的間隔做了變化，但左右兩棵樹的高度相同，反而破壞了整體的平衡。

圖 4-1 植栽的平衡

第 2 圖

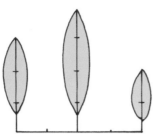

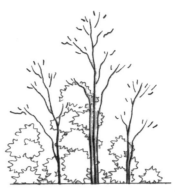

雖然左右兩側的樹木在高度上做了變化，但與主樹的間隔還是一樣，整體的平衡還是不好。

第 3 圖

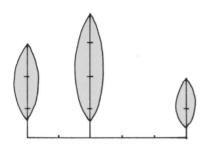

左右兩側的樹木都做了高度和距離的變化，因此能有躍動的感覺，整體的平衡也很協調。

第 4 圖

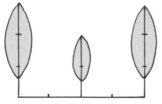

第 5 圖

第 6 圖

中央的主樹較低，左右兩側的樹較高，而且與主樹間隔相同，雖然這樣能維持整體的平衡，卻很無趣。

中央的主樹較低、左右兩側的樹較高，雖然在間隔上做了變化，但主樹低會讓整體的平衡感被破壞。

圖 4-2 植栽的平衡

三、外圍植栽的平衡

　　前庭的部分，最少要有可從玄關和公共道路上觀看的兩個視點，就連回望時也要能呈現出良好的景色才行。從包含大門的外側看過來，要能呈現出建築物宛如座落在自然森林中的樣子。如果建築物和植栽各有偏重、無法融合起來，就無法營造出沈靜的氛圍。

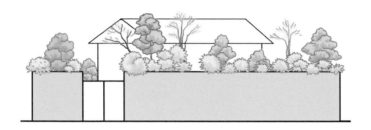

在用地橫寬六～七分的地方設置視覺重點，並在左右兩側配植平衡感良好的植栽（從用地內來看，視覺的重點位在右側）。

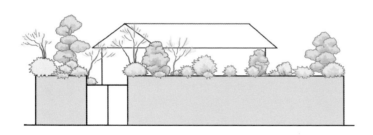

在用地橫寬六～七分的地方設置平衡的中心點（小），再於用地的左右兩側分別種植大、中型的植栽（左右兩側的數量不要相同，好增添一點變化）。

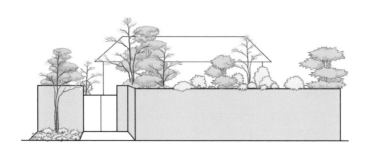

在圍牆外面栽種植物不但能緩和閉塞的感覺，還能帶出景深。

圖 5　大門周邊及外圍的植栽

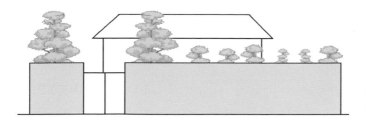

大門兩側的樹木大小（高度）相同，看起來感覺很沉重。與右側角落的平衡感也不好。

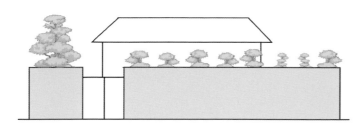

只偏重一個地方，感受不到建築物座落於自然的氛圍當中。

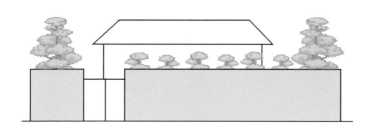

雖然用地的兩個角落都做了植栽，但因為大小都相同，這樣的呈現會完全抹除掉中間部分的景色。

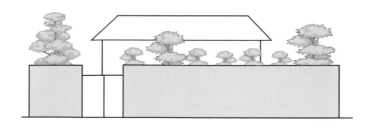

把左右兩側的植栽做了大小的變化，在中間六分的地方設置小的視覺重點，整體的平衡也變好了。

圖 6-1 大門周邊及外圍植栽的範例①

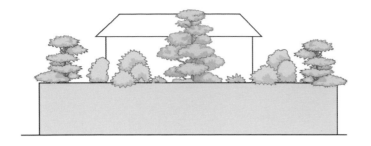

這是從主庭園的外側看過去的植栽情形，因為庭園中間設置為視覺重點，所以左右兩側不會有沉重感，還能騰出一些空間來。

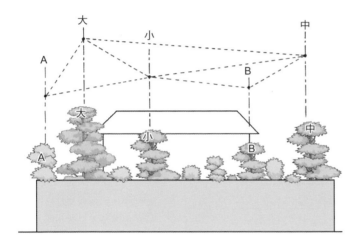

大、中、小型的植栽要配置好，可以這樣思考：大、小型植栽要對應 A 點，中、小型則要對應 B 點，連成天際線；同時各主要樹木頂端的連線要呈不等邊三角形。下圖也是同樣的情形。

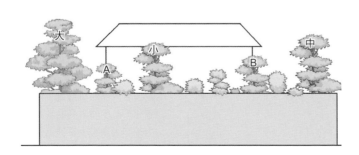

圖 6-2 大門周邊及外圍植栽的範例②

四、不等邊三角形的植栽

　　造園時，只以一棵獨立樹做植栽的情形也是有的，不過在組合栽種時就要以三棵樹木做為最小單位來思考；四棵樹木時，則要以三棵加一棵的方式配置（只有兩棵樹的話，因為不管怎麼配置看起來都是並排，要盡量避免為宜）。

　　如前所述，植栽時要以主樹為中心，配置兩旁的樹木高度與間隔上都要做一些變化。考量到自然界中幾乎沒有呈直線的排列，所以組合配植時，當然也就會以不等邊三角形來配置；而且與直線排列的植栽相較，不等邊三角形更能帶出景深感。兩旁的樹木從主樹向左右兩側延伸開來的角度，最好是比直角大一點的鈍角。如圖7第1圖、第2圖鈍角處的A都是主樹。但若像第3圖那樣，銳角處的B和C用了比A大棵的樹木，就算三者連成不等邊三角形，平衡感還是被破壞了，要盡量避免才好。

　　主樹應該是在視點看過去後方的位置上，一般情形就像第1圖一樣，但也有如同第2圖的配置方式。第4圖的配置則形成了一直線，這是要盡量避免的。

　　採不等邊三角形的組合配植，統整起來的範圍究竟可大到什麼程度，才能維持住平衡，其實是很難以數字表示的。畢竟實際狀況會隨著樹木大小、庭園規模而不同，不過大致上是以從單一視點看過去時，能看到三棵或五棵樹的組合範圍為基準。舉例來說，就算在平面圖上看到三棵樹木的組合是不等邊三角形，但從單一視點看過去時只能看到兩棵樹，剩下的一棵樹要改變視點才看得到的話，實際看起來就會像只有兩棵樹並列一般失去了平衡。或者，看不到的那一棵樹，改變視點後看起來就像被種歪了一樣。

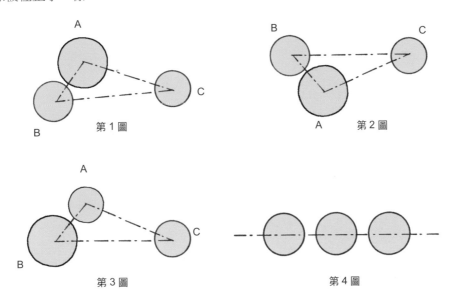

圖7　不等邊三角形的組合

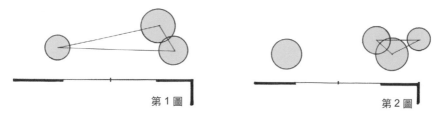

第1圖   第2圖

圖8　不良的植栽範例①

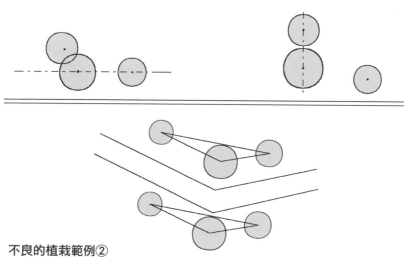

圖9　不良的植栽範例②

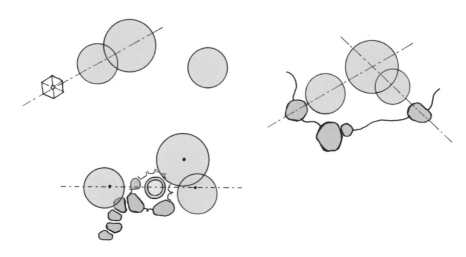

圖10　不良的植栽範例③

　　圖8第1圖在平面圖上看起來是呈不等邊三角形，但右側的兩棵樹看起來卻是並排，並不是很好的設計。遇到這種情況，可像第2圖一樣，以三棵樹加一棵樹來做組合，或是左右側各種植一棵樹就好。

　　若植栽像圖9那樣，和建築物的牆壁、通道、圍牆等平行、或垂直並排的話，就算是配置成不等邊三角形也會是不良的設計，要盡量避免才好。

　　另外，就算三棵樹木像圖10一樣配置成不等邊三角形，也要注意不能讓兩棵以上的樹木和庭園的主要造景物（例如石燈籠、水缽）連成一直線，這點也非常重要。

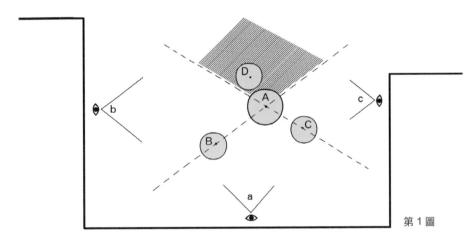

第1圖

圖 11-1　四棵樹木的植栽

　　充分理解三棵樹木的組合搭配後，接下來再思考看看四棵樹的情形。假設圖11-1第1圖的A為主樹，和B、C呈不等邊三角形的組合時，另一棵樹D應該要種在哪裡才好呢？如果種在A和B連成的軸線、或A和C連成的軸線上都會變成一直線，必須盡量避免。若把D種在從視點a看過去時A的後方斜線範圍中，會讓D的種植更襯顯出遠近感。這時，D的高度當然要比主樹A低才行，不過也不能比B高；若高過B，就會像第3圖那樣變成按高度順序排列，缺乏變化而難以帶出景深。最好按照第4圖，讓D比B低、在A、B之間置入「段落」，利用留出空間的方式，讓人能感受到景深。當視點方向只有a、別無其他視點，如果看過去時B、D都很高的話，就算B、D的實際高度相同，也要讓D看起來低一些才行。

　　假設因為建築構成等因素而有除了視點a之外、還有來自b、c方向的視線時，那麼若像第5圖那樣只有A、B、C三棵植栽的話，整體的平衡就會朝主樹A的右側偏移，讓平衡變差。因此D樹的位置最好像第6圖一樣，這樣無論是從視點b或c看過去，都能呈現出良好的平衡。

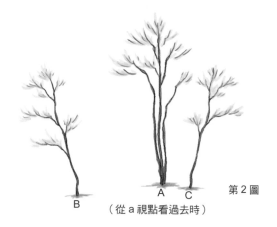

B　　　　　A　C　　　第2圖

（從 a 視點看過去時）

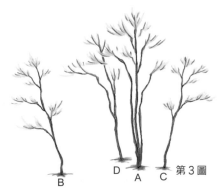

B　　　　D　A　C　　第3圖

（從 a 視點看過去，添植 D 樹的情形）

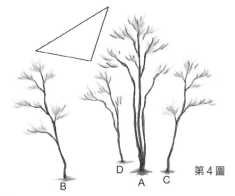

B　　　　D　A　C　　第4圖

（從 a 視點看過去，在段落處種植 D 樹）

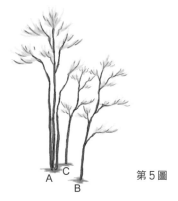

A　C　　　第5圖
B

（從 b 視點看過去時）

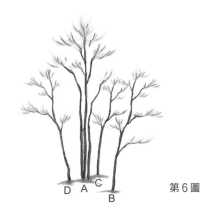

D　A　C　　　第6圖
B

（從 b 視點看過去，添植 D 樹的情形）

圖 11-2　四棵樹木的植栽

　　一旦植栽的規模變大，勢必就得需要使用更多的樹木，這時候要先將以三棵樹木為單位、呈不等邊三角形的配置概念放在後面再思考。要先像**圖12**這樣，先思考A群組、B群組、C群組、甚至是D群組所形成的大範圍配置，此時務必要設定好做為中心的群組，各個群組與中心群組也要呈不等邊三角形。**圖12**是以A群組為中心思考的組合模式，如果有其他群組的氣勢比A群組強烈的話，整體的平衡就會被破壞掉，這是特別需留意的地方。

　　當**圖12**的B、C、D各群組的植栽往A群組靠近時，原本只需在B、C群組裡考量的氣勢，就可能會像C群組的a一樣，和主群組A的氣勢相衝突。遇這種情況時，務必要以A群組的氣勢為基準，或是在群組之間留出一定的空間（**圖12-2**）。

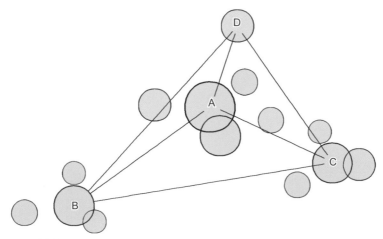

圖 12-1　群組的植栽

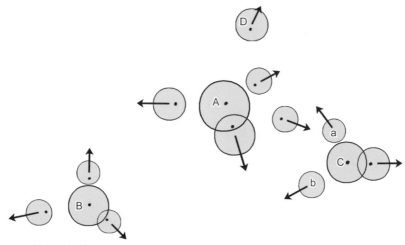

圖 12-2　群組植栽的氣勢

五、低木的植栽

一般常見的自然森林都是由高木、中木、低木、以及地被植物交錯共存、慢慢變化而成的。通常在營造庭園時，若只種植高木，會讓上半部看起來像施力過重，而樹幹中段或樹根處看起來不夠穩固的樣子。利用種植中木或低木的方式，就能讓上下保持平衡、呈現出沉穩的景色。

在**圖 13** 將高木 A、B、C、D 配置成不等邊三角形、並在其周圍種植低木的植栽設計圖當中，**第 1 圖**雖已將高木周圍的植栽種植成圓形，但整體仍顯單調無趣。而**第 2 圖**雖然添加了一些變化，但以自然景色來說，這樣的表現還是稍嫌不足。

若採取**圖 14 第 1 圖**的配置方式，就能以最接近自然的氛圍讓人感受到景深和柔和的邊緣線。此時，若以高木 B 為中心來思考周圍低木的配置時，就要將 a、b、c 視為群組，讓各個群組的植栽中也有大、中、小不同分量感的變化。若設計成像**第 2 圖**一樣，整體的感覺就會更貼近自然風。

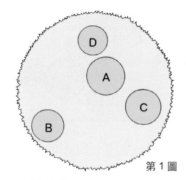

圖 13　低木的植栽①

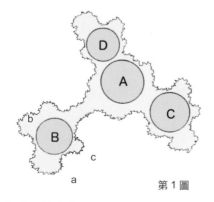

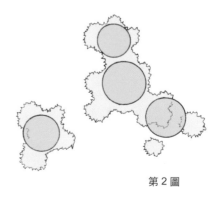

圖 14　低木的植栽②

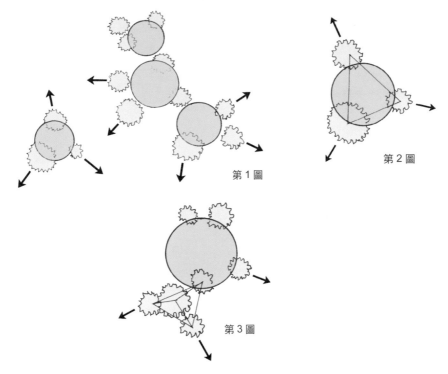

第1圖

第2圖

第3圖

圖 15　低木的植栽③

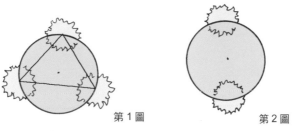

第1圖

第2圖

圖 16　低木的植栽（不良範例）

　　若要再緩和視覺的強度而省略植栽，改以茶庭、瀑布、流水來代替，那麼呈現出的感覺大概就會像圖 15 第 1 圖一樣。第 2 圖、第 3 圖是在高木周圍種植三棵、或七棵低木的例子。

　　就算是灌木類的植栽，也要充分留意整體的氣勢，與高・中木搭配時，同樣要以圖 15 箭線的方向來考量氣勢的走向。

　　即使再怎麼矮的低木，也要盡量避免像圖 16 那樣種植成正三角形、或一直線，而是要將不等邊三角形的概念牢記心裡、好好地運用在每個環節上。

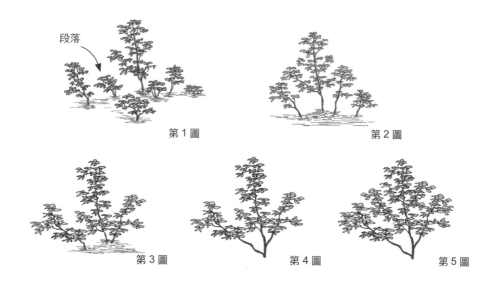

段落

第1圖

第2圖

第3圖

第4圖

第5圖

圖 17　低木的植栽範例①

　　就算是只有低木的植栽，也要像圖 17 第 1 圖一樣，做出高度、間隔距離的變化，尤其是要透過設置段落、做出空間，形成有彈性動感植栽。若像第 2 圖那樣，沒有段落感，植栽看起來就像一整團，感覺很沉重、也沒有躍動感。或者也可以和第 3 圖一樣，即使只有三棵樹，也能運用樹枝的形狀設置段落，形成有空間感的植栽。

　　即使是只用最小單位一棵樹的時候，也可將樹木修剪成第 4 圖一樣，讓植栽帶有輕快、抑揚頓挫的感覺，千萬不要變成第 5 圖那樣的一整團。

　　要在高木周圍種植低木時，也要像圖 18 的第 1 圖一樣，在高木的樹幹與低木之間留空間、設置段落，藉此讓高木、和低木都能更加凸顯。若像第 2 圖那樣，高木的樹幹邊種植了較高的低木，那就無法凸顯出彼此的優點了。

段落

第1圖

第2圖

圖 18　低木的植栽範例②

六、樹種的配植

在大自然中散步時，會看到赤松林、欅木林、青岡櫟等只有單一種類的純樹林，也會看到混雜了數種樹木的混生林。植物的分布依氣溫的不同可分為亞熱帶、溫帶、寒帶等；而依海拔高度還可分為高山帶、亞高山帶、低山帶等等。這些植物帶的交界處極少會像畫一條線那樣，極端地畫分成左右、或上下兩種不同的景觀。實際上，在交界處附近的植物應該是一邊交錯生長，一邊緩慢地產生變化。基於此點來看，在庭園種植高木、中木、低木、及地被植物時，除非是單一種類的植栽，不然也必須依照這樣的自然型態來種植。

舉例來說，要種植數棵枹櫟和梭羅木時，如果是枹櫟群組、和梭羅木群組分開種植的話，會顯得非常不自然。而隨性、散亂地分散栽種，也會缺少統一感。如果想呈現出如大自然一般的交錯感，首先要先種植大群組，然後讓這個群組和另一個群組中的一棵、或數棵樹木交錯在一起，如此一來就能融合出大自然一樣的感覺。此外，若庭園周圍有天然樹林時，除了思考借景外，也可以在庭園中種幾棵和樹林植物相同的樹種，讓庭園與周圍的結合毫無違和感地融合在一起。

圖 19 第 1 圖的植栽明顯分為左右兩側，這種方式在強調人工修整的整形式庭園當然沒有問題，但與自然風庭園就很不搭。而像第 2 圖這樣，在兩種植栽的交界處稍微交錯、再慢慢做出變化的配植方式，感覺會更自然。

第 3 圖的植栽則是極端地分成兩個不同的群組，完全無法呈現出自然的感覺；而像第 4 圖這樣，在一群組中植入一些其他群組的樹種，這樣交錯融合的感覺更能表現自然風。

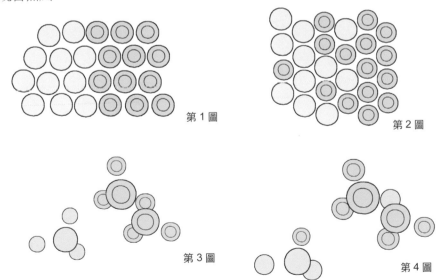

第 1 圖

第 2 圖

第 3 圖

第 4 圖

圖 19 自然風植栽的模式

即使是配植低木也要避免極端地變化、或多種植物複雜交錯的情形。要在一開始相接的地方只有極少數進入到對方群組，然後再慢慢地變化樹種，這樣才能沒有違和感地融合起來。**圖20第1圖**、**第2圖**都不是自然風的植栽，而是在道路周邊綠樹帶等才會看到的植栽方式。但像**第2圖**只有一些些交錯的組合形式，看起來不會像被極端分開一樣，協調感稍好一些。而像**第3圖**那樣，將不同的植物交錯穿插種植在彼此的群組當中，這樣的種法也很有意思，但若交雜種植得太多，就會變得很雜亂。**第4圖**則是將數種的低木以極簡的方式配植，若要打造自然風庭園的話，這種交錯方式應該是最恰當的。

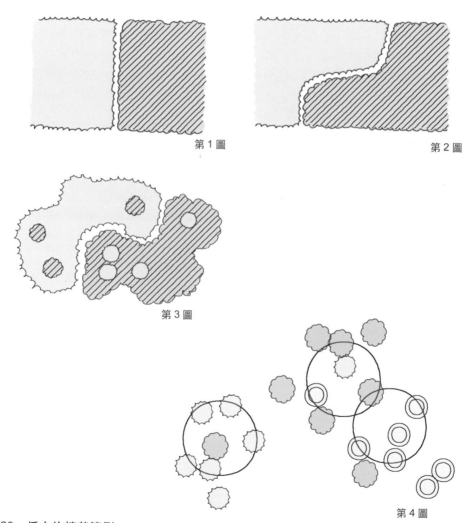

第1圖

第2圖

第3圖

第4圖

圖20　低木的植栽範例

●常綠樹和落葉樹的配植

　　住宅庭園的植栽一般多會種在用地周圍，而且為了遮蔽視線而以常綠樹居多。如果要在庭園裡種植落葉樹，且非得在外側種植常綠樹、內側種植落葉樹的話，會容易形成兩種樹木涇渭分明、難相融和的情形。這時，只要把常綠樹當做背景，或是在常綠樹中混種幾棵落葉樹，就能呈現出一體感了。

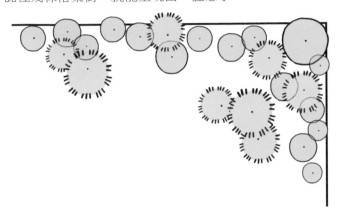

如圖示，在常綠樹中交錯種植一些落葉樹，就能讓兩種樹木相融和，感覺更沉穩。

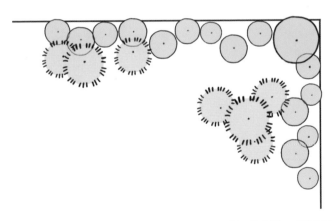

即使狹窄庭園也可以像上圖那樣配植。若是明顯區隔出常綠樹和落葉樹，感覺會很不自然。

常綠樹　　　　　　　落葉樹

圖21　常綠樹和落葉樹的配置範例①

常綠樹和落葉樹混合種植的組合方式要像**圖22**一樣，首先，要在植栽重點附近種植常綠樹做為主樹①，並和②、③配置成不等邊三角形。落葉樹也要在常綠樹的植栽重點附近種植主樹A，再和B、C配置成不等邊三角形，如此一來就能形成良好的平衡。在主樹A的後方、也是常綠樹的後方再種植D，這樣的配置會很協調。如果是有景深的庭園，也可以把C視為小的主樹，再把C、E、F配置成不等邊三角形。或者不要種E、F，而是把C種植在E的位置上，讓C凸顯出來變成近景也會很不錯。

　　接下來，以三棵樹木的最小組合單位，思考看看常綠樹和落葉樹混合種植時的平衡感。**圖23第1圖**是以常綠樹為主樹、左右兩側種植落葉樹的配置方式，雖然能呈現出平衡感，但左右有刻意做出對稱的感覺。若像**第2圖**這樣添植三棵落葉樹的話，感覺就會好很多。**第3圖**則是以落葉樹為主樹，左右兩側種植常綠樹，平面圖上看來是連成了不等邊三角形，但左右兩側很明顯被區分開來了，很不協調。**第4圖**從平面看起來也很不錯，但樹木間的分量感差異太大，平衡感並不好。

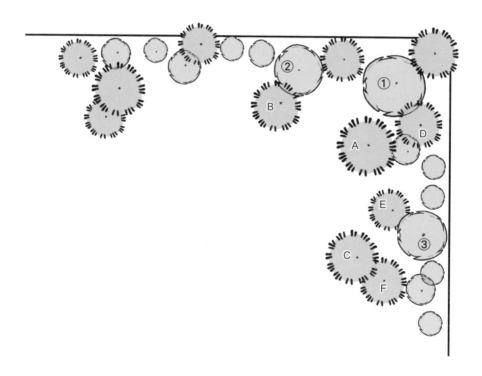

圖22　常綠樹和落葉樹的配置範例②

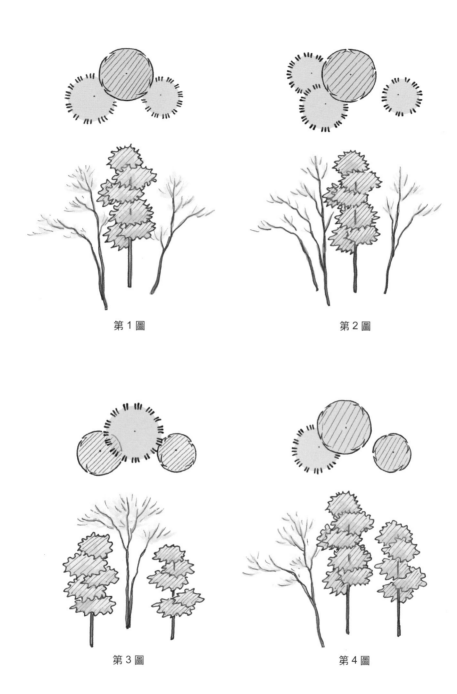

第1圖

第2圖

第3圖

第4圖

圖23 常綠樹和落葉樹的配置範例③

七、樹木配置的要點

配置樹木時要掌握好樹木的特性，將其配置在適當的位置，這是庭園構成上非常重要的事。

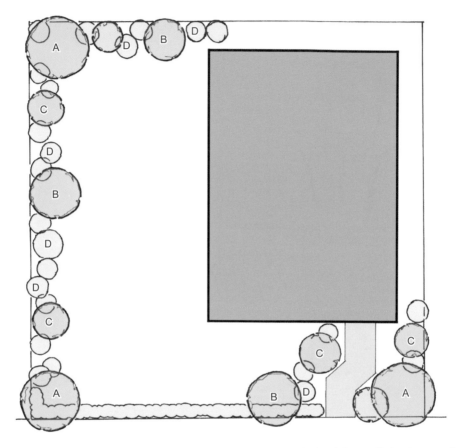

A　從庭園用地中看過去時為內角（凹角）、外面看過去時為外角（凸角），這樣的地方必須種植有分量感的樹木。可選用的主要種類有青岡櫟、小葉青岡、椎木、細葉冬青、厚皮香、楊梅等。

B、C　可選用和A標準一樣的樹種，若選用生長速度比A快的植物（也要依管理庭園的頻繁度），有可能會破壞整個庭園的平衡，務必多留意。

D　這個位置的樹木主要做為與高木之間的連結，或是補足高木枝葉下方的空隙，可選用高度約1～2.5公尺的山茶花、茶梅、桂花、銀桂、齒葉冬青等樹種。

圖 24 適合庭園構成的樹木配置圖

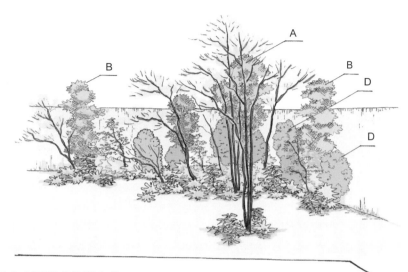

圖25 適合庭園構成的樹木①

圖26 適合庭園構成的樹木②

　　以常綠樹為主的庭園，常常會給人樹形缺少變化、無法放鬆的感覺。若能在這樣的景色中種植幾棵中、低木的落葉樹，像是三葉杜鵑、吊鐘花、糯米樹、衛矛、青莢葉、腺齒越桔、大葉釣樟、三椏烏藥、少花蠟瓣花、蠟瓣花等；或是添植常綠樹的石斑木、日本莢蒾等樹形不固定、又能產生柔和變化的樹種，就能改變庭園的氛圍。

●樹木的配置

青剛櫟　　學名 Quercus glauca　　　　　　　　　　　　殼斗科────常綠高木

高度可達 20 公尺左右、是帶有厚重感的樹木。種植在用地角落（P98
圖 24 配置圖 A）的話，可發揮凝聚整體景觀的效果；做為落葉樹的背
景，也可營造出沉靜的氛圍。若植栽本身整體的平衡狀態很好，就能
種植在各種不同位置。分株形的稱為「直櫟樹」，如有這種樹形可好
好利用，若是分株部分的枝葉修剪得宜，例如將接近視線位置的小分
枝修剪掉，就能利用常綠樹呈現出有雜木氛圍的庭園。此外，在落葉
樹中交錯種植青岡櫟，也能呈現適度的分量感，且不失協調。

小葉青岡　　學名 Quercus myrsinifolia　　　　　　　　殼斗科────常綠高木

高度可達 20 公尺左右，但一般用在庭園植栽的小葉青岡大多只有 3 公
尺左右。即使定期強制剪枝，還是能保有發芽能力；加上具有遮蔽的
效果，所以很適合用來築成高樹籬，用在其他地方也很不錯（如配置
圖 A、B、C 處）。

樟樹　　　　學名 Cinnamomum camphora　　　　　　　　樟樹科────常綠高木

冒出的橙色嫩葉會從淺黃色轉變成亮麗的綠色，是非常美麗的樹木。
但樟樹很容易就長到 30 公尺以上，除非早已種在庭園，否則並不建議
在狹小的庭園種植。樟樹要定期剪枝，把樹木修剪小一點，就算樹形
暫時崩壞也沒關係，新芽很快就會再長出來。如果要種植樟樹的話，
最好種在用地的角落，做為重點背景，好好發揮屏蔽的功能。

刻脈冬青　　學名 Ilex pedunculosa　　　　　　　　　　冬青科────常綠小高木

是具有耐寒性的常綠闊葉樹，枝葉帶有柔軟溫和的感覺。自然樹形帶
有適度凌亂感，也有呈分株形的類型。因為枝葉有些零散，所以可能
較不適合做為遮蔽之用，但用在其他地方其實都很合適。若想在落葉
樹中穿插一些常綠樹時，刻脈冬青是搭配度高、容易使用的選擇。

細葉冬青　　學名 Ilex integra　　　　　　　　　　　　冬青科────常綠高木

常被用來做為庭園構成的骨幹（如配置圖 A、B 處）。雖說樹形挺拔、
看起來沉穩，但有如皮革材質的深綠色葉子卻會略顯陰暗，若要營造
明亮的西式庭園最好避免種植。

厚皮香　　學名 Ternstroemia gymnanthera　　　　山茶科————常綠高木

高度可達 10 公尺以上，但庭園的植栽多以 2 ～ 5 公尺為主。樹葉帶有光澤感，樹木本身具有溫和沉靜感的風格。適合種在庭園的任何位置上（配置圖 A、B、C 處）。厚皮香看起來不會特別張揚，與其他樹木搭配種植的協調感也很好，是很好照顧的樹木。

桂花　　學名 Osmanthus fragrans　　　　木樨科————常綠小高木

樹冠多呈單純的鐘形，用來做為自然風庭園的主樹（如配置圖 A、B 處）會略顯乏味。所以庭園裡多會種植 2 ～ 3 公尺的中木型，做為高木和高木之間的連結，或種植在高木旁以填補枝葉下方的空隙，也常被做為遮蔽或樹籬使用。

銀桂　　學名 Osmanthus fortunei　　　　木樨科————常綠小高木

雖然可長成高木，但因容易發芽又耐剪枝，所以一般都會為中木使用。樹形呈卵形、且缺乏變化，是完全沒有有明亮感的樹木，所以除了做為樹籬之外，很少會種在顯眼處。不過，因為銀桂屬陰性樹，所以很適合種在高木下的空隙處，或做為遮蔽之用。

山茶花　　學名 Camellia japonica　　　　山茶科————常綠高木

若高度達 5 ～ 6 公尺的話，可將山茶花做為主樹（配置圖 A、B）使用，不過一般還是以 1.5 ～ 2 公尺的高度居多。山茶花的樹冠呈圓垂形，幾乎沒有什麼變化的趣味，所以很適合做為連接高木之用；加上山茶花具耐陰性，也很適合用來補足高木枝葉下方的空隙，或種在蹲踞和瀑布的背景處，帶出景觀的深意。在自然風的庭園裡，偏好種植花朵較為樸實的植物，會開出太大、或艷麗花朵的植物反而會比較不搭。

厚葉石斑木　　學名 Rhaphiolepis indica var.umbellata　　薔薇科————常綠中低木

要營造自然風庭園，在蹲踞和瀑布落水口附近、或是落葉樹中，都需要種植一些常綠樹，不過像山茶花和桂花等樹冠呈圓垂形的樹木，就比較難呈現出自然柔和的感覺，而且會顯得沉重。碰到這種情況，就可以改種厚葉石斑木這種樹形有些散亂趣味、而且容易照顧的樹木。此外，將厚葉石斑木與山茶花或桂花混植，也有緩和沉重感的效果。不過和其他樹木比起來，厚葉石斑木的生長速度極快，植栽的平衡很容易崩壞，所以得做好定期管理才行。

| 柃木 | 學名 Eurya japonica | 山茶科———常綠小高木 |

山地常見的柃木高度約有 4 ～ 5 公尺，但做為庭園植栽用的高度多會在 0.3 ～ 1.5 公尺左右。雖然樸素、一點也不明亮，但卻是耐陰性良好的樹木，也是用來填補高木或中木枝葉下空隙的重要植栽。做為低木種植在瀑布落水口附近或蹲踞周圍，並與馬醉木交錯種植的話，還能營造出沉穩的感覺。此外，柃木的生長速度快、發芽力很好，所以樹形可經常維持在一定的大小。

| 馬醉木 | 學名 Pieris japonica subsp. Japonica | 杜鵑花科———常綠小高木 |

自然山地中可看到長到數公尺高的馬醉木，但做為庭園植栽使用時，高度多半是 0.3 ～ 1 公尺左右。馬醉木質感樸實，種植在自然風庭園中的瀑布或蹲踞周圍，並和柃木等樹木交錯種植的話，會比種在明亮的西式庭園還要適合。馬醉木在過去多是由山中採伐而來，因為樹形自然地散亂，很有野趣。近來也有在農林用地上栽培的例子，但樹形多半缺乏變化，感覺上很僵硬而沒什麼野趣，因此，先組合好樹形的大小組合再種植會比較好。

| 山月桂 | 學名 Kalmia | 杜鵑花科———常綠小高木 |

山月桂並不是日本的原生植物，不過帶有皮革光澤的樹葉、和樹枝前端淡紅色的花朵，很能呈現出明亮感。雖然不適合種在樸實庭園裡，卻可種在帶有明亮氛圍的自然風庭園中，做為落葉樹底部的陪襯，或種在庭園瀑布、流水附近等處。山月桂的發芽能力不太理想，所以很難維持一定的大小，而且，也不適合先密集栽種後再做修剪。

| 光葉石楠 | 學名 Photinia glabra | 薔薇科———常綠小高木 |

光葉石楠是有著紅色嫩葉、帶有明亮感的陽性樹。一般多用來做為樹籬。花朵和果實長得都很漂亮，自然的樹形也很美，若不做修剪，想要培育成自然風的話，可種在如配置圖上的 A、B 處。不過若種植過多，庭園也容易顯得浮誇。此外，由於光葉石楠很難移植，一般會用盆栽培植苗木，所以如果一開始就把光葉石楠設計為高木來種植的話，這樣的計畫就會有問題。建議盡量選用高度在 2 ～ 3 公尺、根部狀況良好的栽植會比較好。

三菱果樹參　　學名 Dendropanax trifidus　　　　　　　　五加科————常綠高木

自然生長的三菱果樹參多為高木，不過樹形較大、難以移植，所以庭園中都會採用 1 ～ 2 公尺左右的尺寸來種植。因為耐陰性佳，所以也可以種植在太陽曬不到的狹窄露地上。不過幾年之後，下方的枝葉會漸漸稀疏，最後只會剩下上方有茂密的枝葉，而沒有了最初的感覺，這點有點煞風景。遇到這種情況，不妨採用年輕的樹木來替換掉老樹。長成高木後，三菱果樹參就會有獨特風味，很適合在大樓之間從苗木就開始種植，一直栽培至成樹。

楊梅　　　　　學名 Morella rubra　　　　　　　　　　　楊梅科————常綠高木

雖然是屬於陽性樹，但也有一點耐陰性。暗綠色的樹葉生長茂密，所以會缺少一點明亮感。樹形略呈半球形，也帶有沉穩的感覺。很適合種在配置圖的 A、B 處做為瀑布落水口或蹲踞背景的屏蔽。

齒葉冬青　　　學名 Ilex crenata　　　　　　　　　　　冬青科————常綠高木

發芽力很強，所以經常能看到被修剪成珠玉造型、當做主樹來種植。不過齒葉冬青不太適合自然風的庭園，所以也不建議以這種方式使用。不過倒是可以善用齒葉冬青陰性樹的特質，將 1 ～ 2 公尺高、呈散亂的齒葉冬青種在高木下方，填補底下空隙，或當成樹籬使用。

　　其他可種植在配置圖 A、B 處的常綠樹高木還有錐栗、日本石柯、女楨、交讓木、奧氏虎皮楠、西洋黃土樹、桂櫻、洋玉蘭、月桂樹、柑橘類等多種選擇。不過在栽種前，還是要先考量過庭園的面積、樹形、樹木的生長量、移植難易度，以及庭園完成後的管理方式等再做種植。

　　常栽種在庭園的落葉樹有枹櫟、梭羅木、四照花、楓樹類、垂絲衛矛、娑羅樹、人柄冬青、珍珠花、大葉釣樟等。

　　低木類則有皋月杜鵑、杜鵑花、寒椿、梔子花類、瑞香、凹葉柃木、顯脈茵芋、海桐花、扶芳藤、十大功勞等，同樣也要適才適所、好好使用為宜。

第三章

施工的要點

施工的要點

一、蹲踞

　　蹲踞的起源在此不做詳述。在茶室和寄付（讓客人稍事歇息、或更衣的空間）之間、稱為露地的通道上，蹲踞扮演著非常重要的角色。蹲踞也稱為手水鉢，使用水鉢盛水洗手時，身體會自然彎曲蹲下，「蹲踞」一詞即由此而來。在茶道中，以水鉢盛水洗手、漱口代表淨身，同時也去除心中的雜念，以此做為進入茶室前的準備（合理性與心境[1]）。

（1）蹲踞的構成

　　一般來說，蹲踞是以水鉢為中心，周圍還會設置前石、湯桶石、手燭石，構成後的整體就稱為蹲踞，不過也有省略某一部分的做法。像是在水池或流水中設置水鉢，或是直接取流水中的水來洗手的做法等。

　　蹲踞的形式大致上可分為中鉢形式和向鉢形式。水鉢周圍用石頭圍起的區域稱為「海」，水鉢整個被海包圍起來的形式稱為中鉢；只有水鉢前方圍在海裡頭的稱為向鉢。筆者比較偏好中鉢形式，感覺起來比較寬敞舒適。水鉢周圍會配置前石、湯桶石、手燭石等，這些石頭組合（役石）的名稱和配置方式也會因流派而有所不同。

前　石　洗手時可站在這塊石頭上面使用水鉢。高度比水鉢低 15 ～ 18 公分。

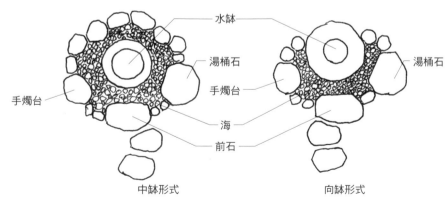

圖1　蹲踞的形式

中鉢形式　　　　　向鉢形式

譯注：

1. 指的是循序漸進、按步驟進行的合理性，及茶道中「和、敬、清、寂」的心境。

湯桶石 寒冬時，裝有熱水的水桶會放置在這塊石頭上。頂端要稍微平整、也要有足夠的面積放置水桶。考量湯桶石的使用功能，應該設置在前石旁伸手可及的位置上，高度要略低於水缽。

手燭石 夜晚舉行茶會時，用來放置照明用手持燭台的石頭。一般來說，擺放的高度會略低於湯桶石。

　　蹲踞最重視的是機能性，所以規劃水缽和各役石的配置關係時，不能只在意尺寸大小，而是要實際組合看看，確認是否容易汲水、是否便於放置水桶和手燭台等，力求做到方便賓客使用的配置。

（2）手水缽的種類
水缽有以下幾種形式：
· 在天然石材上鑿出凹洞、或利用石頭自然凹陷的形式。
· 在其他用途的物件上用一點巧思、加工成水缽使用。這種水缽一般稱為「改造品」，例如在石燈籠的基座上開洞、或是取廢棄的伽藍石(寺廟建築的樑柱石材)鑿出凹洞，改造成水缽。
· 依個人喜好創作出的形式。

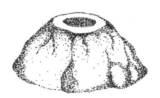

圖2 利用天然石材製成的水缽

圖3 「改造品」的水缽

　　圖2是在天然石材上鑿出凹洞做成的水缽。圖3是「改造品」做成的水缽，左邊是以刻有四方佛的佛塔塔身改造而成；中間是取石燈籠中放置光源的中台加工製成的；右邊則是把水臼當做水缽使用的例子。圖4是新創作的水缽，以這類水缽配置成的蹲踞稱為「布泉」，其中以京都孤逢庵露地上所用的水缽最具代表。

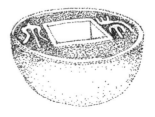

圖4 新創作的水缽

（3）役石

　　從寄付（讓客人稍事歇息、或更衣的空間）前往茶室的通道途中稱為露地，露地上會有讓人遠離塵囂，好以澄淨之心境進入茶室（入席）的設施，其中發展得最顯著的就是蹲踞了。蹲踞最初其實只是入席前用來洗手的設施，並非是為了觀賞而設；但長年累月下來，確立了各式各樣的形式，就連周圍配置的役石也有一定的規範。

　　近來有些庭園與茶室的形式不太相同，雖然也保留了一些茶庭的實際功能，但庭園中設置的蹲踞主要是做為觀賞用，而非實際使用。如果從觀賞用的景致思考蹲踞的構成，其實有一些形式和配置規範省略掉也無妨。

・前石

　　這部分的役石以保留為宜。要選用比飛石（步道石）稍微大一些的石頭。不過也要避免使用比水缽大的石頭。就算前石不做實際使用、純為造景，也不要使用表面有大面積凹凸、會積水的石頭。前石靠近水缽那一側的側面，若是選用像**圖5第2圖**一樣前傾的石頭，給人蓄勢待發的感覺，相較於**第1圖**中底部凸出的石頭，深度和開放感都更好；但若是因此選用過薄的石頭，又會給人不安定的感覺。

・湯桶石、手燭石

　　這兩種役石會分別擺在水缽的左右兩側，如果兩者大小相同的話，雖然有一致的協調感，但會因缺乏變化而顯得無趣，所以讓石頭大小和形狀有一些變化會比較好。另外，在重要視點的一側放置較大顆的石頭，這樣的擺設方式比較容易帶出景深。往前石方向看過去時，左右兩側的役石若像**圖6第1圖**一樣，一邊擺設往前傾的石頭，另一邊擺設重心在下、底部凸出的石頭，這樣呈現出的感覺會最好。若像**第2圖**一樣，兩邊石頭的底部都凸出的話，「海」的面積會變狹窄。而像**第3圖**那樣，兩邊石頭都往前傾的話，就會壓迫到水缽，讓人覺得拘謹、不自在。

　　另外，如果水缽到湯桶石的間隔、與水缽到手燭石的間隔相同；或是前石到湯桶石的間隔、與水缽到手燭石的間隔相同的話，也會讓整體配置顯得太過端正，難以呈現出自然風的感覺，這時可稍微將小型役石的間隔拉大些，以維持自然的平衡感。

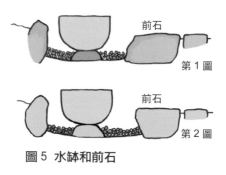

前石

第1圖

前石

第2圖

圖5　水缽和前石

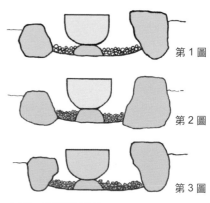

第1圖

第2圖

第3圖

圖6　水缽和役石

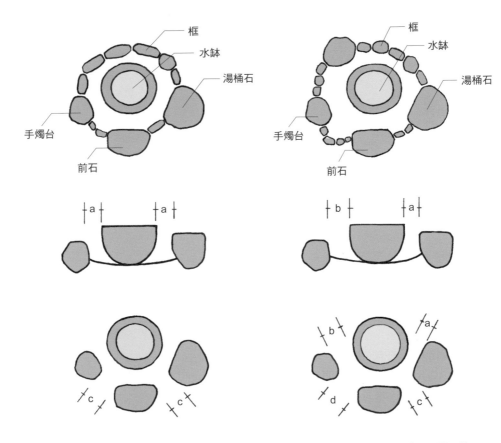

水缽到湯桶石、和水缽到手燭石的間隔相當，前石到湯桶石、和前石到手燭石的距離也一樣的話，雖然看起來四平八穩、端端正正的，但也缺少了變化的趣味。

稍微改變每個役石的大小和間隔，就能呈現出自然風的感覺。

圖 7　水缽周圍的役石間隔

（4）外框的安排

　　水缽周圍、做為擋土用的「框」，是用瓦片、或不規則的木樁刻意拉出線條、繞著水缽圍成的圓。若要表現自然風的趣味，以天然石材最合適。從平面來看，框石的鋪線若比役石外緣內縮一點的話，能讓役石和框石都更加凸顯。還有，前石左右兩側的框石鋪設時，要避免兩側凸出的起點都在同一位置上。此外，也要避免選用會壓過水缽和其他役石的大型石材。若碰到布泉形或方形這種屬於創作型的水缽時，不要勉強使用自然風的鋪石方式，改為曲線或直線的設計，整體感會比較好。

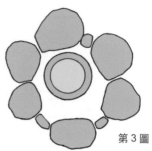

第1圖	第2圖	第3圖
框石比各役石的外緣稍微內縮的話，有凸顯役石的效果。	框石若與役石連成一直線，役石的優點就不容易表現出來。	避免使用會壓過水缽和役石的大型石材。

圖8 水缽周圍的「框」

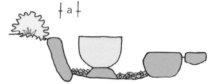

運用上部向前傾的石頭，「海」的面積會更顯寬廣。

底部凸出的石頭太多的話，會讓「海」變窄，水缽也會感覺很侷促。

圖9 外框石的鋪設方式

　　外框有各式各樣的鋪設方式，像是垂直鋪設、活用沈穩的底部、或是擺放成上部微微向前傾的樣子等，每一種方法都不能偏廢，鋪設起來才會更加自然。

（5）水缽的設置方式

　　設置水缽時，僅以「海」的鵝卵石埋住水缽底部的做法，不但無法讓海看起來更寬闊、也展現不出水缽的優點，這種方式其實並不怎麼適當。雖然**圖10 第1圖**、**第2圖**的設置方式感覺不錯，但如果設置成**第3圖**、**第4圖**，就無法展現水缽的優點了。不過像「富士形水缽[2]」那種底部凸出的造型，則不在此限。

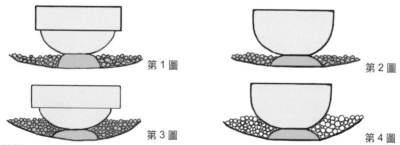

圖10 水缽的設置方法

譯注：

2.富士形水缽：將岩石切割成山形、並在頂部鑿出圓形洞口做為盛水之用。因其外型宛如富士山故而得名。

（6）蹲踞的配置

　　把蹲踞當成庭園的造景物之一、做為觀賞之用，如果還要發揮茶道功能的話，那麼蹲踞應該設置在庭園的哪個地方才好呢？

　　庭園構成的重點在前面幾個章節也提過，從主要視點看過去時，最值得看的景色要避免設在庭園中央部，而是要設在距離中央部3～5公尺的地方。由這個角度來思考，蹲踞最好是做成庭園的近景或中景比較恰當。若是做成遠景的話，會有不夠鮮明的疑慮，要使用的話也很不方便。

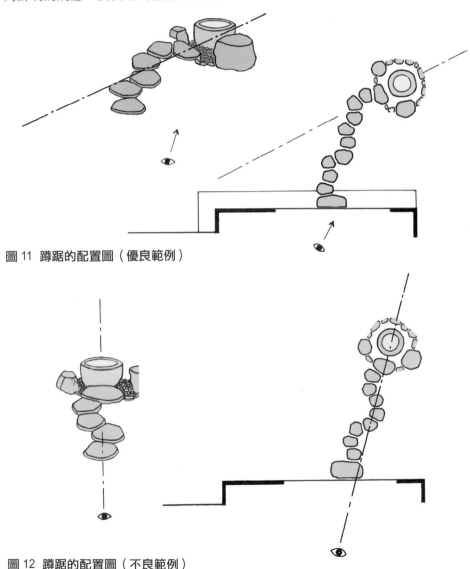

圖11　蹲踞的配置圖（優良範例）

圖12　蹲踞的配置圖（不良範例）

將蹲踞做成庭園的主景、並決定好大概的位置後，接下來最重要的就是蹲踞的方向。通常，在蹲踞的解說圖上，都會看到水缽位於上方、前石位於下方、湯桶石和手燭石位於左右兩側的描繪方式。不過這只是用圖解說蹲踞的組成而已，並沒有表達出蹲踞在庭園中的方向和美感。

　　在實際施工時，連結水缽和前石的鋪設軸線要朝哪個方向，是非常重要的。組合蹲踞時，如果從重要視點看過去，鋪設軸線和視線重疊成一直線的話，表示水缽、前石、湯桶石、手燭石全都會被看見，就會變成平淡無奇、而且感受不到景深。理想的做法是，把軸線和視線改為錯開 30 ～ 60 度，這樣就能一改為有景深、質感佳的景色。

　　若像前頁的**圖 11** 一樣，水缽和前石的鋪設軸線，和從主要視點看過去的視線錯開的話，水缽稍微被前方的役石擋住，景深感會更加凸顯。即使是想讓人看到的物件，也不能一次就被看光，但也不能過度地遮掩。在這種情況下，鋪設的軸線可以朝向平常不太會看到的位置，但不能緊鄰著視線、也不能朝向視線的反方向，這點非常重要。

　　如果像**圖 12** 那樣，從主要視點看過去時，視線和鋪設軸線變成同一條直線，那麼就算石頭配置得再怎麼巧妙，也無法期待能表現出什麼趣味。

　　圖 13 只稍改變了視線和軸線的角度，就帶出了景深，加上搭配了植栽、在水缽前方設有役石等，使得整個蹲踞有了半遮半掩的趣味，蹲踞前方種植的樹木也能發揮出良好的近景效果，使蹲踞成為一處舒適的空間。

圖 13 蹲踞的配置（優良範例）

圖 14 蹲踞的配置（不良範例）

如果像圖 14 那樣，水缽和前石的鋪設軸線，和從主要視點看過去的視線落在同一條線上的話，那麼就算植栽配置得再怎麼協調，整個蹲踞還是會被看透，既難以呈現出景深、也沒有什麼趣味。雖然也有例外的情況，但終究還是以半遮掩的方式，最能呈現出有意思的景色。

在蹲踞的石材組合上，雖然一般來說，水缽左右兩側的役石要低於水缽，但其實也可以不拘泥形式，只要呈現出來的景色優美，就算役石擺得比水缽高，也沒什麼關係。話雖如此，但要是突然蹦出了一大顆石頭，也會顯得很不自然。圖 15 第 1 圖雖然描繪得有些誇張，不過若是在靠近視點的一側擺放大顆的役石，會比較容易帶出景深；但像第 2 圖那樣，在反方向擺一顆大石頭的話，就很難做出遠近的感覺。若遇到這種情況，可以好好運用植栽來彌補石材組合上的缺陷，還是會有不錯的效果。此外，在蹲踞構成的說明上只用了石材而已，是為了讓植栽配置和石材組合清楚地區分開來，但若考量到自然風，其實，蹲踞以外的植栽周圍最好也能配置一些自然石材，如此一來整體景觀就能更加相容協調了。

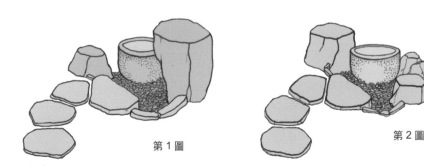

第 1 圖　　　　　　　　　第 2 圖

圖 15 蹲踞的石材組合

（7）下沉式蹲踞

除了改變石材大小、或前後位置來帶出景深之外，還有利用上下高低變化營造景深的手法。一般的蹲踞大部分都是在平地挖掘幾個洞後，再鋪設於其上（**圖16第1圖**），但採用有別於一般形式的下沉式蹲踞時，在地面上會出現高低起伏的變化，感覺起來也比較寬敞（**圖16第2圖**）。這種方式是把一直到前石為止的飛石（鋪石走道），做成緩緩下降的階梯狀，水缽則是擺在最低窪處。透過這樣上下高低的變化，會感覺表面積好像變大了，而有較為寬敞的感覺。不過，這個方式若用在狹小的庭園裡，硬是把蹲踞擺在很深的地方，反而會有不自然的反效果。規劃做成下沉式蹲踞時，除了要考量前石的面積，也要特別留意，前石和第一顆飛石之間如果有前低後高的段差，蹲下來洗手時，屁股可能會抵到後方的石頭。除此之外，排水相關的問題，也要充分考量才好。

第1圖　　　　　　　　　　　　　第2圖

圖16 下沉式蹲踞

（8）引水管的配置

水缽的給水方式，可選用竹製、棕櫚竹製、石製的溝管將水引至水缽中，不過，把竹子簡單剖開而成的引水管最為簡潔俐落。以下讓我們來好好想想引水管的位置和方向吧！

若像**圖17第1圖**那樣，引水管的方向從主要視點看過去時，是朝向正面的話，會給人尖銳的感覺，要盡量避免為宜。

第2圖是在取水洗手時，引水管正好迎面而來，多少也會讓人有點不自在。最好是像**第3圖**這樣的方向，感覺最好。

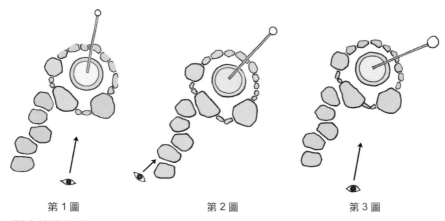

第1圖　　　　　　　　　　第2圖　　　　　　　　　　第3圖

圖17 引水管的位置

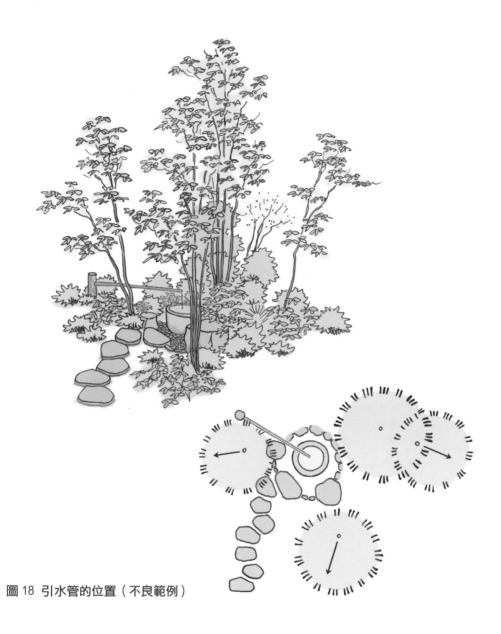

圖 18　引水管的位置（不良範例）

　　看到像圖 18 這樣的蹲踞，以蹲踞的方向來思考的話，會發現它的重點在於右方的內側，但因為整體的氣勢在左方、或是朝著視點的方向延伸過來，所以圖中引水管的方向和氣勢就相互抵觸了，因此看起來很不協調。另外水流方向感覺起來像是從谷底流向山林，看起來也十分不自然。

（9）石燈籠的位置

　　蹲踞中大多會設置石燈籠來照亮水缽，但現今設置石燈籠的目的已經不是為了照明，而是改成不嵌入光源、只做為庭園的造景物而已。在設置石燈籠時，要避免選用體積大過於水缽的大型石燈籠、或是豪華石燈籠，而是使用造型樸實的石燈籠類型，像是石桿直接插入地面的無底座石燈籠就很適合。

　　接下來就要思考石燈籠究竟要設置在哪個地方。比較好的位置是**圖 19 第 1 圖**的A 處，從主要視點看向這個位置時，石燈籠就在引水管的前方（如**第 2 圖**所示），並且在更前方處種植一些樹木，讓石燈籠若隱若現會更好。除此之外，B 處附近也不錯。另外，雖然也有設置在 C 處的做法，但這樣的配置會讓前石、水缽、石燈籠連成一直線，加上引水管的話，就會變成像**第 3 圖**一樣，引水管看起來像橫切過石燈籠的立桿，看起來會很不舒服，還是盡量避免為宜。

　　蹲踞的形式並非只能設置在日式庭園、或日式建築當中，西式建築裡也可以關設一處帶有蹲踞氛圍的西式庭園。若是在幾何線條的平台附近，很難融入傳統以來多為自然形狀、或圓形的水缽，那就把水缽改為方形，再搭配方形的前石和役石，就能在西式氛圍中表現出蹲踞的感覺了。以近代建築物的構造、規模來看，有時也有因應庭園景觀需要，而改設置成水量滿溢的大型水缽，來取代傳統的小型水缽。

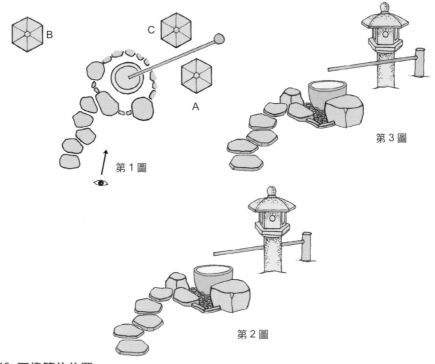

圖 19　**石燈籠的位置**

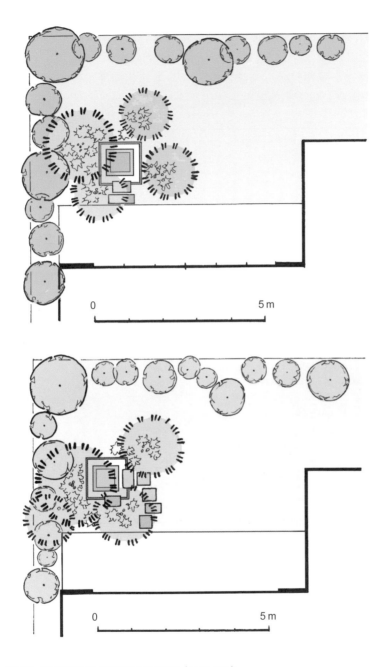

0　　　　　　　　　5 m

0　　　　　　　　　5 m

圖 20　帶有蹲踞氛圍的西式庭園（平面圖）

（10）蹲踞周圍的植栽

　　採自然風的植栽方式時，建築物就要像是蓋在分割自大自然的林地上一般。蹲踞也一樣，要營造出水缽就配置在林木之間的窪地處那樣的景色。基本上，植栽要避免連成一直線、還要以不等邊三角形來配置種植。不僅如此，規劃附近植栽時，也必須一併考量蹲踞的構成，以下幾個要點，希望能多加留意。

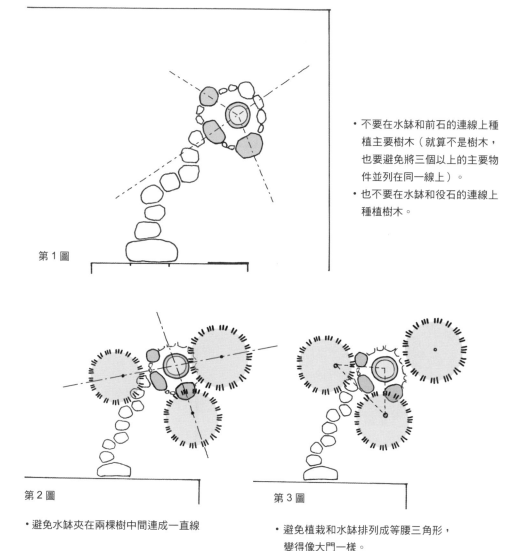

・不要在水缽和前石的連線上種植主要樹木（就算不是樹木，也要避免將三個以上的主要物件並列在同一線上）。
・也不要在水缽和役石的連線上種植樹木。

第 1 圖

第 2 圖
・避免水缽夾在兩棵樹中間連成一直線

第 3 圖
・避免植栽和水缽排列成等腰三角形，變得像大門一樣。

圖 21 蹲踞周圍的植栽（平面圖）

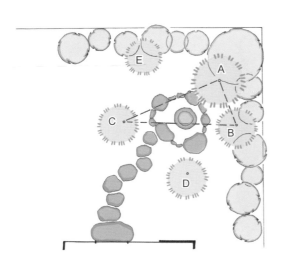

像**圖 22** 那樣的自然風植栽，
基本上就是要配置成不等邊三角
形，同時留意植栽的高度。圖中這
個庭園是以鈍角 A 為中心，再種
植 B、C 二棵樹，雖然三棵樹看起
來平衡感很好，但從房屋的視點看
過去時，若只有三棵樹的話，視線
會偏重在水缽後方的植栽，可以的
話，再加上 D 樹做為近景，才能讓
整體看起來不偏斜、又有遠近感。

而 E 樹，則是從庭園深處，讓
A、C 二樹更被襯托出來。

圖 22 蹲踞周圍的植栽範例①

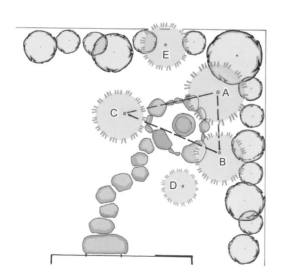

圖 23 的配置和圖 22 的 A、B、C 組合類似，不過 D 處則是改種落葉低木，像是莢蒾、三葉杜鵑等，這樣的做法可讓後方的存在感更強烈。此外，如果庭園還有空間的話，在 A、C 的後方種植 E 樹也能呈現出景深。

圖 23　蹲踞周圍的植栽範例②

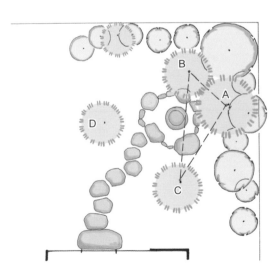

圖 24 的庭園是以 A 為中心，再和 B、C 配置成不等腰三角形，不過力量都偏重在蹲踞的右側、像要飛起來了，若是在 D 種樹的話，就能穩住平衡感，讓整體感覺變好。在這種情況下，假設 C 種植的是低木，A、B、D 三者不等邊三角形的平衡會被破壞掉，因此 A和 B 的植栽也要更換才行。

圖 24　蹲踞周圍的植栽範例③

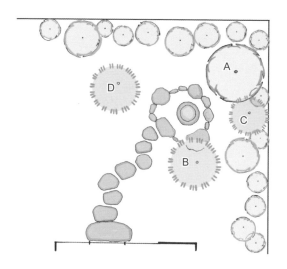

圖 25 蹲踞周圍的植栽範例④

在**圖 25** 庭園的中心 A 種植
常綠樹,相對於 A,以落葉樹的
中心 B 做為近景,再種植 C、D
做為襯托。這種情況下,假如沒
有 C,而只有 B、D 的話,看起
來會像是並排,效果不太好,所
以就只要相對於 A,在 B 種一棵
樹做為近景就好了。

比較**圖 22 ～圖 25** 的植栽可
以發現,雖然每一張圖的配置看
起來都很相似,但因為發想的軌
跡不同,最後呈現出來的手法也
有差異。

二、飛石（步道石）

　　飛石的實際功能是，讓人在行走時避開泥土、走起來更方便，因此在庭園當中，飛石通常會用來連結各項設施、供人行走使用。但另一方面，飛石在構成庭園的景色上，也是頗為重要的設施。自古就有「路六分、景四分」，或是「路四分、景六分」等各式各樣的鋪設方法，所以在鋪設飛石之前，也必須考量過使用的頻率、藝術性後再行施工。

（1）飛石的鋪法

　　飛石的鋪法有千鳥鋪法[3]、二連[4]、三連鋪法[5]等等，鋪設的重點在於「不急、不徐」，要讓人行走時不用跨大步，依照自然的步伐來鋪設，就能達到實用的目的。不過，若僅是朝著目的地一直線地走去，也挺沒有樂趣的。最簡單的做法是，以輕鬆寫出柔緩的S形線條來鋪設。只要鋪設的線條不過度扭曲的話，應該就不至於讓人踩空。如果是距離較長的步道，在S形當中適度地插入二連石、或三連石的鋪法，效果也會很不錯。從一顆石頭的中心，跨到下一顆石頭的中心時，間隔距離以一個步幅的大小最為理想。有時也會用雙腳都能踏上、可跨走二步的石頭，或是在步道的分岔處使用較大顆的石頭。

　　雖然也聽說過，走在飛石上，踏出去的第一步必須是左腳、或是右腳之類的話，不過這種問題其實不用太在意。庭園的設施與設施之間雖然會以飛石相連，但也有例外之處。在踏出第二步後踩踏的第二顆飛石，不要朝著目的方向鋪設，而是要稍微地朝向反方向鋪設，這樣才能讓步伐從容，營造出舒適有餘裕的景色氛圍。

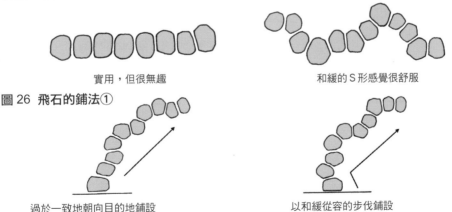

實用，但很無趣　　　　　　　　　　和緩的S形感覺很舒服

圖 26　飛石的鋪法①

過於一致地朝向目的地鋪設　　　　　　以和緩從容的步伐鋪設

圖 27　飛石的鋪法②

譯注：
3. 千鳥鋪法：斜向交織、左右交叉的鋪設方式。
4. 二連鋪法：在直向鋪設的飛石中段插入兩顆、以左右交叉隨意鋪設的石頭。
5. 三連鋪法：類似二連鋪法，插入的石頭則有三顆。

步道上的飛石若有大小變化，就能營造出觀賞的樂趣，不過要避免大顆小顆飛石交錯排列，或是兩大、兩小顆飛石重覆排列的單調模式，這一點要特別注意。

當然飛石之間的接合處看起來也要很協調，一般來說兩顆石頭之間大約會相距10公分左右。飛石與地面的距離要是太近，石頭表面就容易弄髒，但離地面太高，也會讓人有不穩固的感覺，反而讓人把目光一直集中在飛石上，這種情形要避免才行。因此，鋪設時通常讓石頭表面距離地面大約在3～6公分左右，才會是最恰當的。

飛石的分岔點就是步伐分流處的地方，為了便於行走，要選用大顆的石頭。分岔點的鋪法可做成像圖29第1圖一樣，鋪成三叉路。避免鋪設成像第2圖那樣變成十字型的四叉路；四分岔的做法，可參考第3圖那樣，在兩個地方鋪設三叉路。

大、中、小交錯變化最好

不要照大大小小的排序來鋪設

接合處銜接得很協調

接合處銜接得很糟

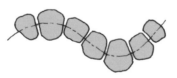

用誇張的圖示來說明就像左圖這樣，在S形外側使用邊寬較寬的飛石，可讓收整出的線條很好看。

圖28 飛石的鋪法③

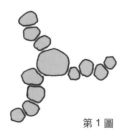

第1圖

第2圖

第3圖

圖29 飛石的分岔方式

一般來說，在平坦的地面鋪設飛石時，每一顆飛石的高度都會相同，不過在這當中，也有在邊角（肩）處呈直角、或圓弧形的飛石，實務上，如果把這些石頭都鋪成相同高度的話，會讓有直角的石頭看起來比較高，步伐也會有被這些邊邊角角卡住的感覺。因此，要把圓弧形邊角的石頭鋪得稍微高一些，這樣可以讓整體看起來比較穩重。

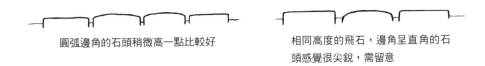

圓弧邊角的石頭稍微高一點比較好

相同高度的飛石，邊角呈直角的石頭感覺很尖銳，需留意

圖 30 飛石的鋪法④

横跨水池或流水到對岸，或是沿著岸邊鋪設的飛石，叫做「澤飛石」。可在步行時，一邊欣賞從腳邊穿過的流水，十分有趣。為了呈現出自然風的氛圍，要盡量避免採用人工加工過的石材，最好是選用與周邊石材相同的材質。

從大門到玄關的通道，或是廚房後門附近，雖然也有鋪設飛石的例子，但從使用頻率和實用性考量的話，更要避免選用不利於行走的石材才行。飛石步道也不要長距離鋪設，以免讓人對景色覺得不耐煩。像這種步道利用度高的情形，多半會改以石板步道來代替，讓行走更方便。另外，如果是在小庭園等之中，要表現實際上不使用、純粹只做為景色的飛石，也可以採用大小一致的玉石來鋪設。

（2）飛石‧造景石與植栽

有時看到了植栽或造景石與飛石不太協調的庭園，就會仔細想想，為什麼會無法融合起來呢？

假設要在大自然中鋪設飛石的話，在朝向目的地延伸時，如果剛好碰到幾棵無法移動的樹木、或搬不走的石頭，理所當然地就是避開它們，從旁繞過去。雖然記得這個想法很好，不過實際施工時，一般都會先鋪設好飛石，再配合飛石做植栽，其實只要以相反的施工步驟來思考，就能像在大自然一樣，讓飛石繞過植栽。

圖 31-1 是以繞過樹木、或造景石等障礙物的方式鋪設而成的飛石，融合感相當好，而且氣勢上也不衝突，形成了良好的景色。

圖 31-2 中，飛石沒有繞過樹木和或景石來鋪設（造園時一般都會先鋪設飛石或造景石，經常導致圖中造景石和植栽的配置並不恰當），樹木或是造景石的氣勢，與呈Ｓ形的飛石凸出的部分相衝突，讓整體看起來不太協調。

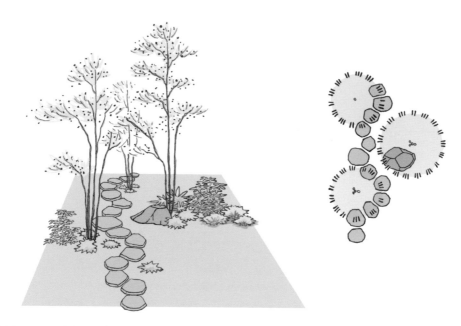

圖 31-1 飛石與植栽（優良範例）

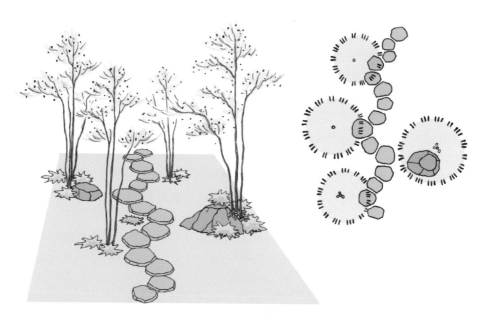

圖 31-2 飛石與植栽（不良範例）

（3）短冊石

　　有時飛石會使用加工切割成長方形或正方形的石材來鋪設，這種形式的石材稱為短冊石或角飛石，日文漢字寫做「短冊石」或「短尺石」。

　　鋪設短冊石時，可能會依考量使用便利而鋪成一直線，但若是鋪在庭園內的話，還是做一點變化帶出遠近感，比較有味道。**圖 32 第 1 圖**既單調又沒變化，如果是鋪成**第 2 圖**那樣就有趣多了。不過，也不要像**第 3 圖**那樣，每一個相近的短冊石縱線（側邊的線）都不相通（未並排）。**第 4 圖**和**第 5 圖**則是改變方向的鋪設方式。

　　第 6 圖是轉向往左邊延伸的鋪設方式，但在自然風中，這個表現會過於強調方向性。若像**第 7 圖**那樣一度往右邊凸出後，又把方向帶回來，感覺會比較有餘裕。**第 8 圖**的 A 處一樣，在右邊凸出去一、二片石板，會顯得有變化感。但若像**第 9 圖**的 B 處，把應該凸出的地方做成凹陷的話，整體的感覺就會缺乏力道。

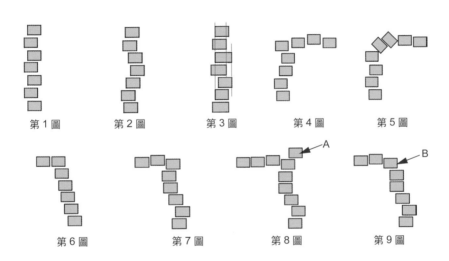

第 1 圖　　第 2 圖　　第 3 圖　　第 4 圖　　第 5 圖

第 6 圖　　第 7 圖　　第 8 圖　　第 9 圖

圖 32　短冊石的鋪設方法①

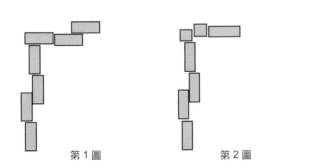

第 1 圖　　　　　　第 2 圖

圖 33　短冊石的鋪設方法②

　　當要改變前進的方向時，像**圖 33 第 1 圖**那樣，會讓方角處的縱向、和橫向看起來都過於極端；要像**第 2 圖**一樣，鋪設成不太有氣勢感、近似正方形的樣子，感覺起來比較柔和。

三、石板步道（延段）

　　飛石如果長距離地使用，會有同一手法過度表現之嫌。狹長型的石板步道就是針對這種情況的變化手法。石板步道會使用黑石、或伊勢鵝卵石等有厚度的石材，也有使用像是丹波石、或鐵平石等薄型石材來鋪設；或是在步道中散置短冊石當做點綴。石板步道雖然要鋪設成直線或曲線都可以，但還是以狹長直線的鋪法與建築物的直線輪廓最相襯。此外，石板步道也有連結建築物與庭園的效果。像圖 34 的 a 處，配置就很恰當，而像 b 的話，就距離建築物太遠、像位在庭園深處了，這樣會讓石板步道的直線過於顯眼，也會切斷庭園的景色讓庭園變狹窄，要盡量避免這樣鋪設才好。此外，從主要的視點看過去時，如果前後都有石板步道的話（不包括大門到到玄關的通道），也會有把庭園分成左右兩半、讓庭園變狹窄之虞。

　　石板步道走起來比飛石輕鬆，還可依照庭園規模調整幅寬，即使多人一起使用也沒問題；不過，在住宅庭園上，除了鋪在玄關前做為通道之外，一般還是以 40 ～ 60 公分的寬度比較合適，太寬的話，庭園會感覺變窄，這一點要留意。

　　石板步道的長度約在 2 公尺左右最理想，有俐落感又不會過長，雖然需要的話也可以將步道加長到 2.5 公尺以上，但太長的話，會顯得單調，也可能因為受力分配不均而出現斷裂的情形。如果需要長距離鋪設石板步道的話，採七三分、或六四分的比例配置、做一點變化的效果最好，必須避免等比例配置。鋪設時，將石板步道分為兩段、並讓兩段步道一前一後重疊，這樣可讓後方的步道看起來比前方的窄一點，也是一種可強調庭園景深的做法。

　　要長距離鋪設石板步道時，可參考前述的組合方式，做出像圖 35 一樣的變化，就會有很好的效果。

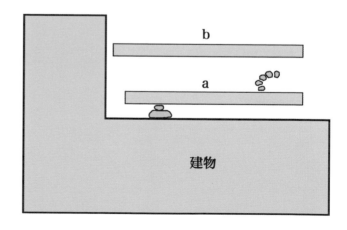

圖 34　石板步道的配置

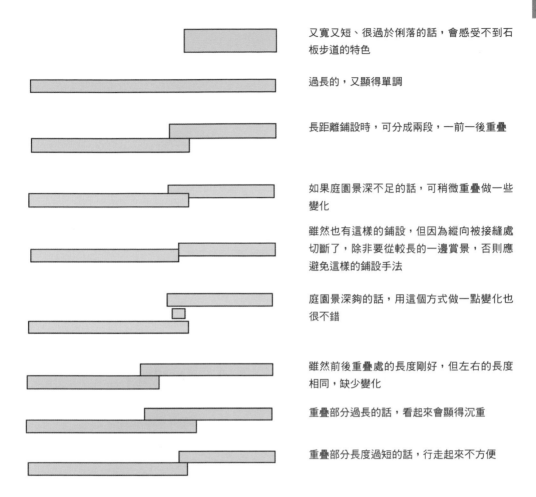

又寬又短、很俐落的話,會感受不到石板步道的特色

過長的,又顯得單調

長距離鋪設時,可分成兩段,一前一後重疊

如果庭園景深不足的話,可稍微重疊做一些變化

雖然也有這樣的鋪設,但因為縱向被接縫處切斷了,除非要從較長的一邊賞景,否則應避免這樣的鋪設手法

庭園景深夠的話,用這個方式做一點變化也很不錯

雖然前後重疊處的長度剛好,但左右的長度相同,缺少變化

重疊部分過長的話,看起來會顯得沉重

重疊部分長度過短的話,行走起來不方便

圖 35 石板步道的鋪設方式①

　　鋪設石板步道時,使用像鵝卵石等同一種類的石材施工的話,雖然可做出很俐落的感覺,不過要是長距離鋪設的話,容易顯得單調。碰到這種情況時,可使用數種不同的石材鋪設步道,若是採用將其中一種石材鋪設成大面積的形式,則可將同一種類的石材散置在其他部分做為點綴。此外,利用御影石或小松石製的短冊石也可以凝聚整體的氛圍,不過鋪設前必須充分考量配置方式。

圖 36 石板的鋪設方式②

（1）在石板步道中配置短冊石

請注意以下幾種情況：

- 避免等間隔排列
- 避免排列成一直線（盡量配置成不等邊三角形）
- 要在大小、長度上做一些變化

　　圖37 這樣的短冊石配置最為恰當。

　　圖38 的配置會有短冊石間隔都太相近、ABCD 的接縫連成一線、D 空蕩蕩在中間，看起來不太穩等問題；還有，也必須避免 A、E 那樣，在同側的凸角處鋪設相同大小的石材。另外，若像 F 一樣，使用與步道寬度相同的的短冊石，會把整個步道切成左右兩段；而 GH 那樣的重疊方式，也會讓整個步道看起來被切斷了，要避免這種鋪法才好。

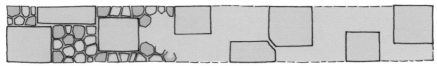

圖37　在石板步道中配置短冊石（優良範例）

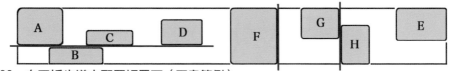

圖38　在石板步道中配置短冊石（不良範例）

（2）石板步道中使用丹波石、鐵平石等大型石材的鋪設方式

　　請注意以下幾種情況：

- 首先最重要的是，要了解這是要供人行走用的，所以石頭表面一定要修飾平整。
- 大型石材的配置不能等間隔、或呈一直線（應採不等邊三角形配置）。
- 大型石材可單獨鋪設，有時也可以 2～3 塊組合起來鋪設。
- 步道的凸角處是鋪設大型石材的重點位置，但還是要在石材的大小上做一些變化，避免鋪成對稱的樣子。
- 大型石材周圍要避免用小石材圍起花瓣狀圖樣的鋪法（八卷鋪法）。這種鋪設方式會讓大型石材配置在中間時看起來很不穩。另外也要避免在大型石材附近再鋪上另一塊大型石材或中型石材。
- 避免出現十字接縫。
- 避免出現相連的接縫（接縫一長，就會變成直線）。
- 兩顆石頭鋪得像是一顆石頭斷裂開來的樣子，並不是好的鋪法。
- 大中小型的石頭都要平均地配置。
- 外周不要鋪設太多小石頭。

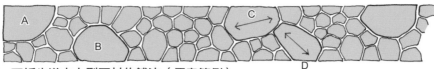

圖 39　石板步道中大型石材的鋪法（優良範例）

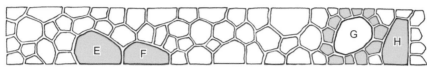

圖 40　石板步道中大型石材的鋪法（不良範例）

　　圖 39 凸角的部分使用 A 這樣的大型石材，感覺強而有力。大型石材要像 A、B、C 一樣，配置成不等邊三角形，而在組合 C 與 D 時，也要改變氣勢的走向。

　　如果像**圖 40** 一樣，凸角處沒有鋪設大型石材的話，就感受不到邊角的力道。E 和 F 的氣勢走向相近，而且看起來像並排。G 配置在石板步道中間，缺少了沈穩感。而 H 的氣勢相對於步道的走向，又顯得太過極端。

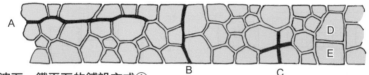

圖 41　丹波石、鐵平石的鋪設方式①

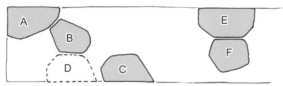

圖 42　丹波石、鐵平石的鋪設方式②

　　圖 41 的 A 雖然不是直線，但也要避免看起來接縫都幾乎相連起來的鋪法。像 B 這樣看起來像是把步道切成兩段的接縫也不恰當。像 C 一樣的十字接縫看起來也很不舒服。E、D 那樣看起來像一塊石頭被切開的樣子也不太好。

　　當步道的幅度變寬時，如果視覺重點只放在步道外側的話，中央部分會感覺太弱，最好是配置在 2～3 分的中間位置上。單獨配置大型石材的話看起來會不太穩，而且很容易會變成八卷式的鋪法，因此，還是要在外側用大型石材搭配組合才行。

　　圖 42 當中，B 以改變 A 氣勢的方式來設置，接著再把大石材配置在 C 的話，就會變成與 A、B 並排，因此在虛線位置配置 D 的話，應該會比較好。另外，E 和 F 雖然大小不同，但氣勢的走向卻一樣，看起來有重疊感，所以也不太恰當。

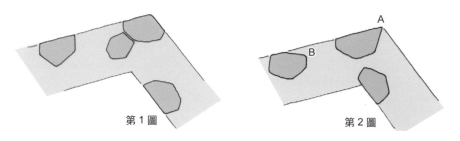

第 1 圖   第 2 圖

圖 43 石板步道的轉角處理

  若是石板步道像圖 43 一樣有轉角處的話，凸出的邊角就會是鋪設重點。**第 1 圖**的配置很恰當，但若是像**第 2 圖**那樣，凸出的邊角 A、或像 B 沒有仔細把邊角修整好，而留有銳角的話，都是不理想的鋪法。

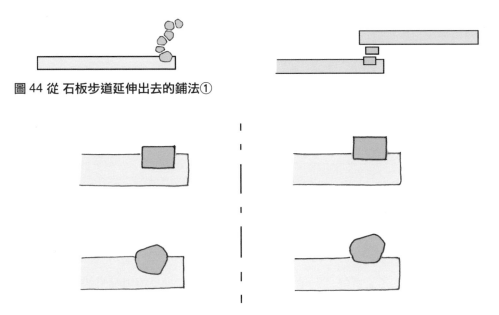

圖 44 從石板步道延伸出去的鋪法①

圖 45 從石板步道延伸出去的鋪法②

  以飛石連結石板步道到其他設施時，要有一定的合口處，讓人由此踏出去。像**圖 44** 一樣，將第一塊跨出的飛石或短冊石鋪進石板步道中的話，看起來會很協調。不過要是石材鋪入步道的部分不夠多的話，會有不穩定的感覺。

  像**圖 45** 左側圖片那樣，將一半以上的石材面積鋪進步道的話，看起來就很協調，而右圖的鋪法感覺上就比較不沈穩。

　　石板步道要和飛石搭配、要從踏腳石踏出、朝蹲踞方向鋪設時，應採**圖46第1圖**的鋪設方式，在石板步道上稍走幾步後，步伐再接續到飛石上。要避免像**第2圖**那樣，讓步道和飛石形成十字交叉。尤其是，如果石板步道的左右兩側沒有任何連接的話，這樣的鋪設方式也會顯得沒有意義。

　　還要避免像**第3圖**那樣，在步道左右兩側以相同的方式鋪設飛石；而應以**第4圖**的方式，或是要把左側的飛石改成方形石材，或是改變延伸出的位置。

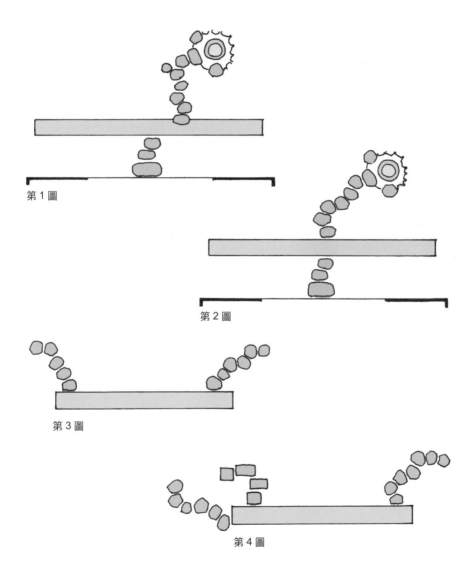

第1圖

第2圖

第3圖

第4圖

圖46　石板步道與飛石的搭配組合

四、碎石步道

　　碎石步道看起來像撒落了許多冰雹的感覺，所以步道外緣不會鋪成直線，而是做成凹凸不規則的線條。不過，整體動線上還是建議像描繪和緩的Ｓ形一樣來鋪設。雖然碎石步道與石板步道比起來會顯得較不端正，但卻會給人一種柔和的感覺。碎石步道也許不太實用，但鋪設在小型庭園時，以極窄的幅寬（約 15 ～ 30 公分）來表現，就能以纖細感襯托其他庭園設施，形成美麗的景色。從前後方眺望的庭園景色，也會比從橫向眺望時，多一層景深的美感。

　　圖 47 第 1 圖的石板步道中，把邊緣那些用虛線畫的石頭拿掉後，就會是**第 2 圖**看到的碎石步道。留下的石頭外側邊緣不要做成直線，而且要使用圓弧形邊緣的石頭，效果才會好。

　　若像**第 3 圖**那樣，使用了大量氣勢極端、不是橫向就是縱向的石頭，看起來會很僵硬，也營造不出氣氛。所以要像**第 4 圖**一樣，只在幾個重要的地方、斜向鋪設同方向氣勢的大型石頭，營造出躍動感，就能形成良好的景致。實際施工時，並不是先鋪成石板步道後，再將不要的石頭拿掉，而是要像**第 5 圖**的Ａ、Ｂ一樣，在不需要鋪石的空間預先留好鈍角的開口。如果有很多像Ｃ、Ｄ一樣的銳角開口，就難以排列出柔和的線條，要盡量避免才好。

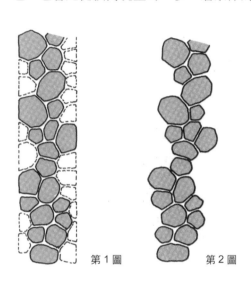

第 1 圖　　　　第 2 圖

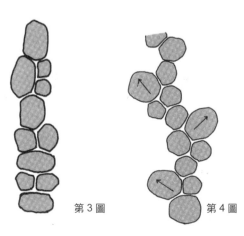

第 3 圖　　　　第 4 圖

圖 47　碎石步道的鋪設方式

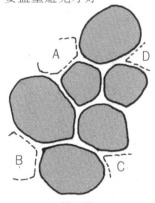

第 5 圖

五、大門的位置和動線

（1）大門到玄關的走道

　　玄關前的庭園（前庭）是給訪客第一印象的重要區域，必須有洗鍊的設計。其中最重要的是，由於前庭的使用頻率高，因此必須能方便行走、且走道幅寬也需達75公分左右。有些房子的大門到玄關的距離很長，但近來也有不少玄關正好就在道路旁的房子，由於玄關到大門之間的距離愈短，會愈難表現出遠近感，這點在設計時要多加留意。以長距離的情形來說，如果設計成直線，容易形成厚重感，稍微彎曲一點、做一些變化的話，還能帶出前庭的景深。再以短距離的情形來說，如果站在大門或玄關就能把目的地一覽無遺，這樣也很難呈現出景深。不過，只要讓通道稍微彎曲一下，就會感覺遠一些。但既然能一眼就看到目的地，中間也沒有障礙物，若是無理地繞遠路，也會有不體貼之嫌。（**圖48第6圖**）。

　　以下**圖48**即是一般走道的設計範例。

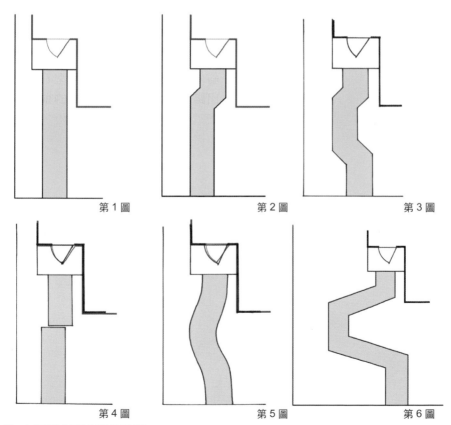

第1圖　　　　　　第2圖　　　　　　第3圖

第4圖　　　　　　第5圖　　　　　　第6圖

圖48 大門到玄關走道的範例

圖 49　**直線的走道**

圖 50　**彎曲的走道**

　　圖49是在直線的走道上植栽後的景色，很端正、厚實，而且也有景深感，因此也並不一定都得做成彎曲的走道。但像圖50那樣稍微做一點彎曲的變化，也會有不同的感覺。

　　站在玄關或大門，朝目的地踏出步伐時，踏出線要和步道呈直角向前延伸一小段距離後，再改變步道的方向。雖然也有從踏出步伐的位置一起步就改變身體方向的走道，但這樣的話，一站上那個位置正要踏出腳步時，馬上就要被迫改變方向，心裡也會覺得無法放鬆。另外，整個走道的線條應以和緩為宜，避免太曲折，讓人無法沈靜下來。

　　如圖51所示，就算從外踏入步伐的地方和目的地並非平行，還是建議能讓踏出線與步道盡可能接近直角的角度。

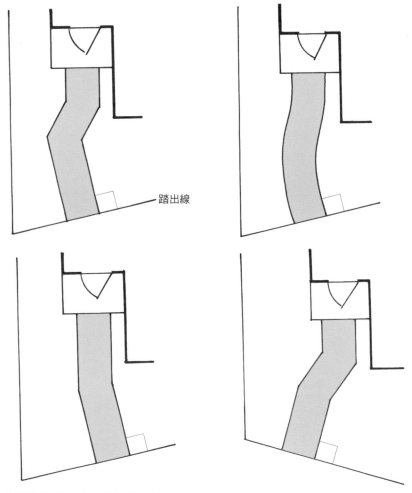

踏出線

圖51　走道的呈現方式（優良範例）

要避免如**圖 52** 虛線圓圈標示處那樣，把步道線條做得太彎曲、在踏出線形成銳角、或鈍角的情形。

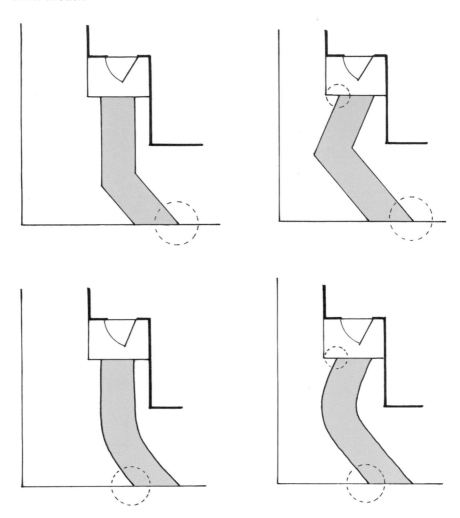

圖 52 走道的呈現方式（不良範例）

（2）大門設置的位置

　　大門一般都會沿著道路的方向來設置，但如果能把大門設置在比道路更裡面一點的地方、圍牆的高度也降低一點、或是乾脆省略掉前庭的圍牆等，就能稍微緩和閉鎖的感覺、流露出引人放鬆的閒適感，表現屋主的涵養。

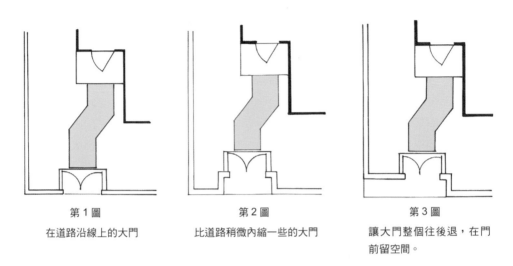

第 1 圖

在道路沿線上的大門

第 2 圖

比道路稍微內縮一些的大門

第 3 圖

讓大門整個往後退，在門
前留空間。

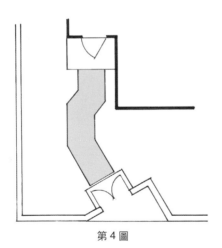

第 4 圖

與道路呈斜向的大門，讓玄關無法直接被
看到，這樣就能營造出景深。

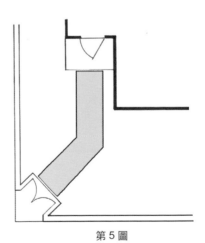

第 5 圖

把門設置在角落處的話，會感覺門只是
用來出入而已，不易表現出歡迎的氛
圍，避免這樣配置為宜。

圖 53　大門設置的位置

六、瀑布

在庭園中，水和樹木、石頭一樣，也是很重要的造景材料，用來表現水景的有瀑布、流水、水池等等。如果庭園中有瀑布的話，就會接續著流水、水池，這大概就是一般庭園的水景型態了。

（1）關於瀑布

將地盤墊高，加上造景石材的組合，讓水能流瀉而下，這樣就能表現出瀑布了。不過在大自然中，瀑布是指山與山之間凹處的水流，因地形的高低差而形成瀑布；或是從山腰中湧出的山泉水所形成的小瀑布。

常常可以看到，在平坦的庭子裡堆土造山，再讓水流從小山頂附近傾流而下的瀑布造景，不過這種瀑布看起來很不自然、也沒有沉靜感。實際上，當然也有水流從山頂附近傾瀉而下的瀑布，這時，如果能利用植栽把周圍拉高，來表現山勢的樣子，會更能營造出宛如從山谷間傾瀉而下的感覺。

如果瀑布是設置在公共場所，供不特定的多數人在短時間之內欣賞的話，為了能在一瞬間展現出瀑布的印象，因此利用大型石材製造出大落差的效果，這種氣派的手法有時候也沒什麼問題；不過若是設置在住宅庭園、經常會看到的地方，這種震撼人心的壯觀瀑布，就會顯得太浮誇，和住宅庭園的沈靜感並不相襯。

瀑布落水的姿態，有「向落」、「片落」、「傳落」、「離落」、「布落」、以及「糸落」等[6]從以前流傳下來的不同名稱和形式。另外，落水口周邊的石頭也有「鏡石」、「不動石」等不同名稱，但設置瀑布時其實不需太過拘泥於形式，而是要仔細地觀

瀑布周圍的地形做得比落水口高的話，才有自然的氛圍。

在山頂突然出現了一道很不自然的瀑布，看上去很不沈穩。

就算瀑布周圍的地形比落水口低，只要像左圖一樣，利用植栽架高地勢、表現出山的樣子，就能營造出水從深山來、流瀉而下的感覺。（參考P149 落水口的植栽）

圖 54 瀑布的地形

察自然,同時發揮創造力,靈活地配置石組。要去試試看,石組要怎樣組合,水流這樣或那樣落下好不好;或是這樣或那樣組合石材的話,落水的效果會很好等等。

(2)瀑布的位置

以平面圖來思考形成瀑布的地形,會發現圖55的A、B這樣連續凸出的山稜是無法形成水流的,只有C的凹谷才有可能。把這個當成基本概念來思考瀑布的設置,就能理解在山的頂點、或是a、b處設置瀑布會很不自然的原因,應該要將瀑布設置在c處一樣的凹部才對。

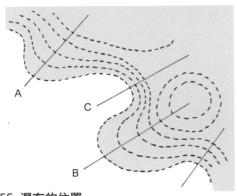

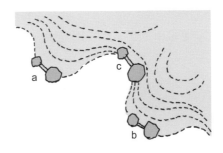

圖55 瀑布的位置

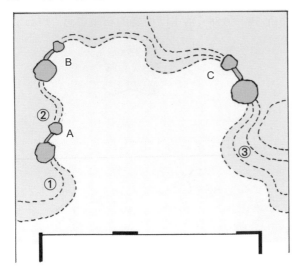

圖56 庭園中瀑布的位置

考量過圖56這塊庭園用地的近景、空間之後,試著畫出山的地形,如圖所示,就可在A、B、C各個凹部規劃設置瀑布。在這三個凹部前方的①、②、③凸出部位,可以規劃成瀑布的近景或中景,強調出遠近感的效果。

譯注:
6. 由正面望向瀑布時,水流往一旁傾瀉而下的落水形式稱為「向落」。瀑布的中段有一個段落改變了水流方向的,稱為「片落」;而瀑布流瀉而下時有一重接著一重感覺的,稱為「傳落」。從彷彿懸崖的高處直接傾流而下的,稱為「離落」。「布落」、「糸落」則是指瀑布的水幕有如布匹,或絲線的感覺。

（3）瀑布的方向

瀑布的位置和規模決定好了之後，接下來就要確定落水的方向，這個部分是左右庭園優劣的一項重要關鍵。

落水的方向，不能做成平常看到的、朝著重要視點正面落下，而是要從重要視點看起來斜向地落水，或是從側面看到瀑布的落水姿態，這樣才會有意思。另外，在第一章〈暗示與聚焦〉（P.75）中提過的，也有一種手法是，乾脆讓觀者完全看不到水流，只能聽到水聲。

從**圖 57** 來看，從主要的視點看過去時，水落下的方向正對著觀看者的話，會難以呈現出遠近感，也缺少了趣味。若規劃成**圖 58** 那樣，從重要視點看過去，水流稍微斜向地落下的話，在看不見另一側的水景之下，可刺激觀賞者的想像，喚起對景色深意的聯想，更添觀賞的興味。

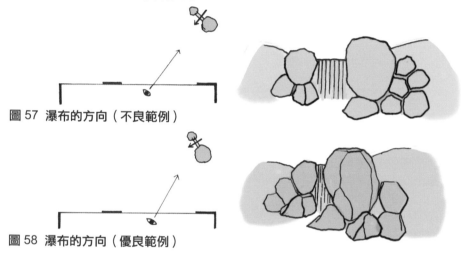

圖 57　瀑布的方向（不良範例）

圖 58　瀑布的方向（優良範例）

若瀑布要分成幾個段落流下的話，也不能讓每一段流徑的幅寬和落差都一樣比較好，可以稍微個別地改變一下落水的方向，增添景色的變化。

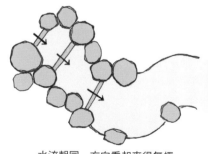

水流朝同一方向看起來很無趣

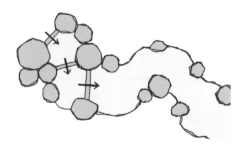

改變水流的方向，看起來會有趣許多

圖 59　由數個段落分流而下的瀑布

將瀑布劃分成數個段落時，要避免像**圖 60 第 1 圖**那樣，將造景的重點放在 A 附近，這種安排會讓從 A 延伸出的流水氣勢，像 B 瀑布那樣，在重點方向上出現很極端的逆流。尤其是小型的庭園，這樣的安排會造成在單一視野中，給人「上游流出來的水，再逆流回上游」的感覺，相當不自然。像**第 2 圖**那樣，加入植栽看看，會了解到水流方向跟樹木的氣勢是相反的。但如果像**第 3 圖**那樣，庭園的面積增大、眺望的視野也改變了，那麼瀑布安排的方式就不在此限。

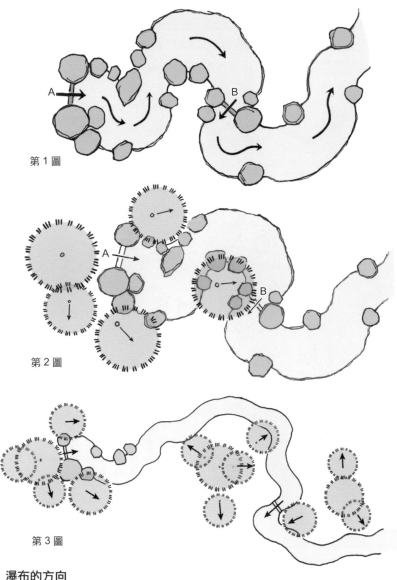

第 1 圖

第 2 圖

第 3 圖

圖 60　瀑布的方向

（4）瀑布石組的配置

　　確定瀑布的構想之後，接下來就要思考石組的配置。以下先從只有一個段落的瀑布討論起。

　　瀑添石[7]會配置在水落石（鏡石）[8]的左右兩側，而且瀑添石的位置必須比水落石高，但左右兩側的高度、大小不要一樣比較好，這樣才能有不同的變化。就算瀑添石是由數個石頭組合配置而成的也一樣。另外，將比較大顆的石頭擺在離重要視點較近的一側，會比較容易凸顯出遠近感。從瀑添石裡側（陰影處）流出的水，僅有六至七成被看見，或是只能聽得到水聲的程度即可，要避免為了強調瀑布的存在，而讓所有的水流完全被看見。如果是小型庭園，不需特別做出水的落差，只要讓水流從石縫中湧出，用這樣的方式呈現，感覺也很不錯。

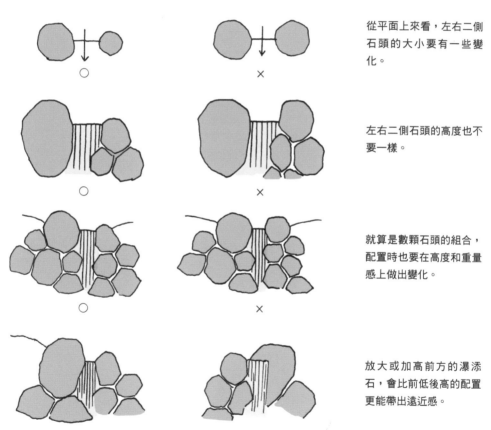

從平面上來看，左右二側石頭的大小要有一些變化。

左右二側石頭的高度也不要一樣。

就算是數顆石頭的組合，配置時也要在高度和重量感上做出變化。

放大或加高前方的瀑添石，會比前低後高的配置更能帶出遠近感。

圖 61　瀑布石組的配置①

譯注：

7. 瀑添石：配置在水落石前，左右兩側的石頭。又稱為不動石、脇石、守護石。
8. 水落石：瀑布造景裡配置在水流中間的平板狀石頭，也稱為鏡石。

　　若像圖 62 第 1 圖一樣，在靠近主要視點的一側配置大石頭的話，會比第 2 圖更容易帶出景深；不過即使是第 2 圖的情形，妥善配置植栽的話，其實也能帶出景深感。而像第 3 圖那樣，也可以考慮在距離前方石頭有些遠的地方，另外再放置一顆大型的石頭。

　　將瀑布分由左右兩側落水時，要注意下列幾點：
- 水流不要從相同的高度落下，二者的落差要有些變化。
- 瀑布不要都呈一直線落水，要稍微改變一下落水的方向。
- 改變兩側瀑布的幅寬，水量和流徑也要有不同的變化。
- 一側規劃成瀑布，另外一側做成流水的形式也會很有趣。

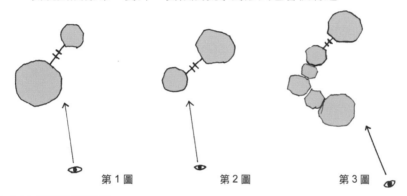

第 1 圖　　　　　第 2 圖　　　　　第 3 圖

圖 62　瀑布石組的配置②

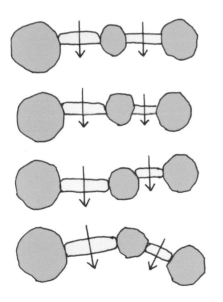

瀑布的寬度幾乎相同、沒有變化

雖然瀑布的幅寬改變了，但還是並排在一起

雖然幅寬和排列都改變了，但水流方向卻仍相同

幅寬和水流方向都有變化，感覺好很多

圖 63　分成左右兩側的瀑布①

圖 64 第 1 圖裡的瀑布幅寬雖有變化,但是高度還是相同的;若像第 2 圖那樣,稍稍有些變化會比較好;不過,石組從左到右、依次降低這點其實不太恰當。若像圖 65 這樣,在瀑布的幅寬、高度、石組配置上都做出一點變化的話,會比較有趣。

在面積比較寬的用地中規劃瀑布時,只將石組集中配置在落水口或水流邊緣,其他空間都沒有配置的話,感覺會很不自然、也很沉悶。在其他地方應該也要配置一些石組,這樣空間的平衡感才會好。(此圖並非從重要視點眺望的圖,請參考 P.140 瀑布的方向)。

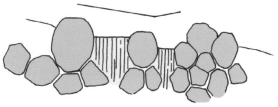

第 1 圖   第 2 圖

圖 64　分成左右兩側的瀑布②

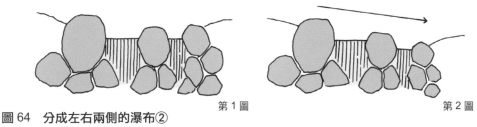

圖 65　分成左右兩側的瀑布③

要避免像圖 66 第 1 圖那樣將石頭集中配置在落水口處的做法,而要像第 2 圖一樣,周圍的空間也要配置石組,營造出自然的氛圍。

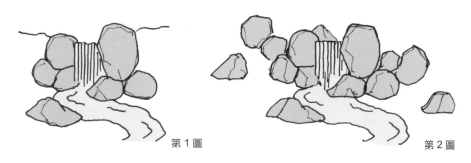

第 1 圖   第 2 圖

圖 66　瀑布周圍的石頭配置

如果庭園是有變化的地形，可以像圖67一樣併用瀑布和流水的造景手法一起規
劃，在水景的流動上做出變化的趣味。

圖67 瀑布和流水併用

（5）瀑布的落水形式

水從瀑布落水口的落下方式有**圖 68** 所示的幾種形式。

圖 69 第 1 圖的瀑添石配置得幾乎呈垂直，感覺不到什麼躍動感。**第 2 圖**看來感覺很穩，但少了一點變化。**第 3 圖**雖是以向外躍出的感覺來配置，也呈現出了躍動感，不過兩側石頭擺得很像，感覺有些多餘。而**第 4 圖**的瀑布組合，則是巧妙變化著石頭的大小、向前或向後傾斜的方式、以及石頭頂端的俯仰等手法。

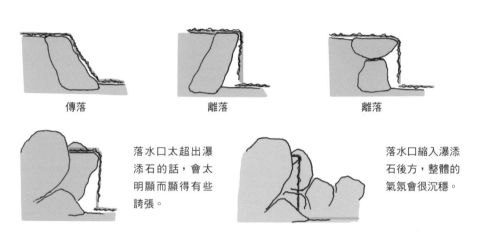

傳落　　　　　　　　離落　　　　　　　　離落

落水口太超出瀑添石的話，會太明顯而顯得有些誇張。

落水口縮入瀑添石後方，整體的氣氛會很沉穩。

圖 68　瀑布的落水形式

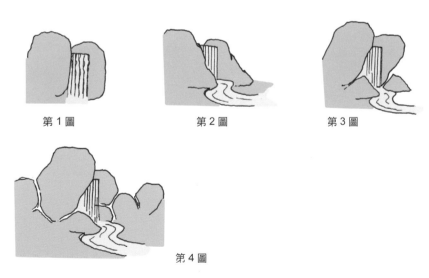

第 1 圖　　　　　　　第 2 圖　　　　　　　第 3 圖

第 4 圖

圖 69　瀑添石的表現方式

（6）落水口周圍的植栽

　　配置落水口周圍的植栽時，最重要的是要考慮瀑布所在的地形，如果是位在凹谷的話，就要避免把植栽的中心擺在凹谷上，而是要以左右的任何一側做為視覺重點，以不等邊三角形的方式配置植栽。此外，也要避免將落水口的正後方做為植栽中心、在此種植樹木，這樣看起來會很像水從山頂落下來的一樣，無法有沈穩的感覺。

　　若像圖 70 一樣，避免將植栽中心的主樹種在瀑布正後方，才能營造出在凹谷間有瀑布落水的感覺。而圖 71 的植栽方式會讓人覺得瀑布的落水口是在山頂的樣子，感覺很不自然。另外，還要避免像 A、B 那樣，像挾住落水口、又左右對稱的植栽方式。

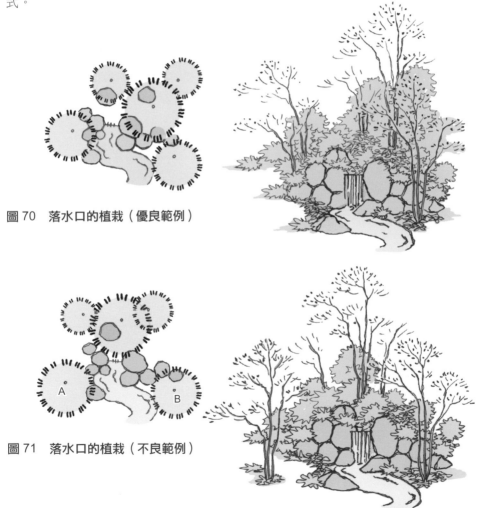

圖 70　落水口的植栽（優良範例）

圖 71　落水口的植栽（不良範例）

七、流水

（1）配置造景石

　　在流水中配置石頭時，要先想想看水流碰到石頭後會有什麼樣的變化。假想石頭是從山頂滾落到筆直的河岸上，這時候水的流動當然也會改變，在遇到石頭時便會向外側大幅迴轉，小石頭和泥沙也會像**圖72第1圖**斜線部分一樣被沖刷、掏空，最後變成有如**第2圖**一般的河流型態。有時河川岸上，也會有不受水流沖刷的大型石頭，不過在庭園裡表現流水時，通常會省略掉一側水岸，基本上只會表現有大型石頭的河岸，藉以降低對岸的衝激感。不過這些不表示在流水的一側擺放大石頭後，另一側就不能再擺放石頭。

　　第3圖是將石頭擺放在流水的凹部，跟**第1圖**、**第2圖**擺放的位置相反。**第4圖**中有兩顆一樣大小的石頭挾住流水，形成氣勢相對的衝突感，所以要省略掉凹部，要不然就像**第5圖**那樣，把凹部的石頭移到能夠避開氣勢相互衝突的位置。像**第6圖**這樣，像單純地畫出S形一樣地把石頭擺放在流水的凸部，就會很容易地表現出來。（到目前為止的說明都先忽略了石頭大小和間隔等因素，請留意）。

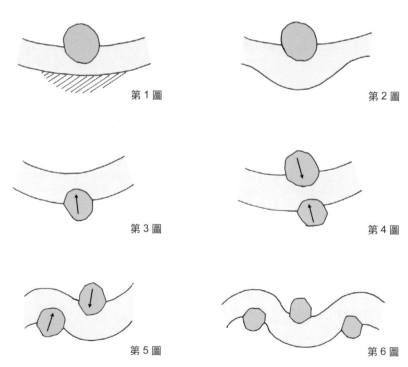

第1圖　　　　　　　　　　　　第2圖

第3圖　　　　　　　　　　　　第4圖

第5圖　　　　　　　　　　　　第6圖

圖72 流水的造景石

　　了解了石頭要擺在流水的凸部後，還要進一步思考，那麼這些石頭的氣勢又要朝向哪裡才好呢？如**圖73第1圖**所示，假設山丘的中心為P，連結中心P和石頭的軸線大概就會是石頭的氣勢走向了。**第2圖**是流水的凸部較窄，只配置了一顆造景石時的氣勢走向。

　　像**第3圖**那樣，流水凸部山的氣勢和石頭的氣勢走向不同，與流水的形式就會顯得很不搭。如果石頭要以這種狀態擺放的話，就必須把流水的線條改成像圖中的虛線一樣。另外，也有像**第4圖**這樣，與流水凸部氣勢相反、配合流水氣勢走向的擺放方式，例如禮拜石和飛石等帶有人工感覺的石頭，可以用這個方式來配置。不過，在強調自然風的流水造景石上，還是避免為宜。

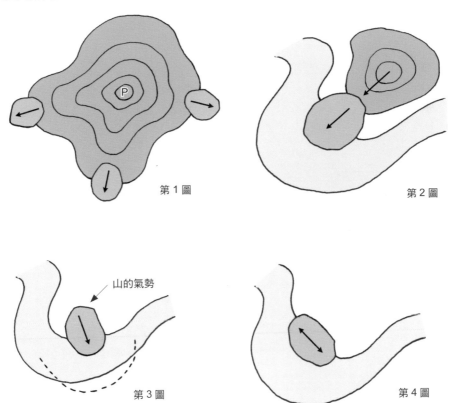

圖73　流水的石頭氣勢

流水的規模變寬、凸部的岬角變大時，只擺放一顆石頭不但顯得單調，表現力也不足，這時候用三顆石頭做規劃會比較恰當。配置時，可依圖 74 第 1 圖一樣，從岬角處延伸到山上中心點，再以從山上的中心點放射狀的箭線方向來思考。這時候，三顆石頭要有大、中、小的變化，並且配置成不等邊三角形，而三顆石頭連結成的三角形鈍角處，則要配置較大顆的石頭。留意不要像第 2 圖那樣，做等間隔的配置；或是像第 3 圖，雖配置成不等邊三角形，但三顆石頭的形狀大小卻都相同，而且，每一顆石頭對應到的河岸線，也要有符合石頭輪廓的凹部。

　　依據岬角的形狀和規模，也有在左右兩處凸部各自配置一顆石頭的做法，如果很難達到視覺平衡的話，可以像第 4 圖、第 5 圖這樣，在陸地上補放 A 石頭，配置成不等邊三角形。

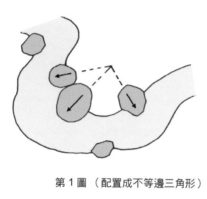
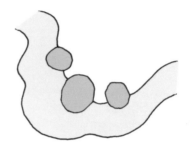

第 1 圖 （配置成不等邊三角形）　　　　　　第 2 圖 （不可配置成等腰三角型）

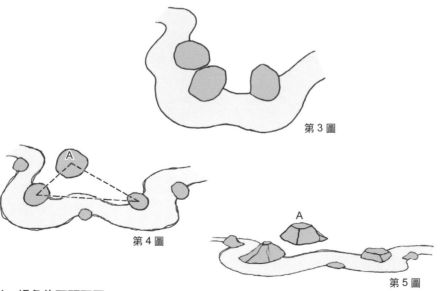

第 3 圖

第 4 圖

第 5 圖

圖 74　岬角的石頭配置

若庭園的規模更寬廣、岬角處變多的時候，就要把幾處的岬角（凸部）視為一個整體來思考，並把位於其中的大、中、小岬角，做不等邊三角形的配置。

像圖 75-1 這樣，先將大岬角拆分成不等邊三角形，如同圖中的 A、B、C 那樣，讓岬角有大、中、小的變化。此時 B 和 C 的角度可互換，但若將 A（大）換到 B、或 C 的話，則會破壞掉平衡，要避免才好。務必以鈍角位置 A，做為大岬角。

接著要如圖 75-2 這樣，設定好大岬角的中心 O，以決定 A、B、C 各石頭的氣勢走向。這時，各個石頭也要做出大、中、小，以及高度的變化，這是大重點，請留意。

可以只在重要位置上配置石頭，其他地方省略，不過需要的話，也可以像圖 75-3 這樣，在 A 岬角設好中心 P，在以 A 為鈍角的不等邊三角形上添置石頭，每一顆石頭連結到 P 的軸線就是各個石頭的氣勢走向。不過 B 岬角就不要再以同樣手法配置，改為圖 75-4 的處理方式也很好。

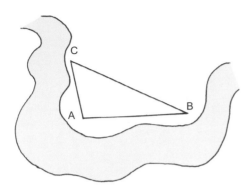

圖 75-1　岬角的石頭配置順序①

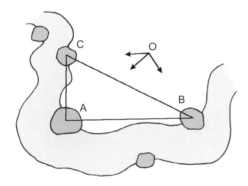

圖 75-2　岬角的石頭配置順序②

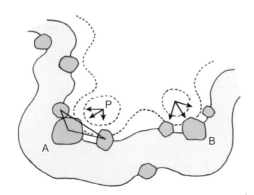

圖 75-3　岬角的石頭配置順序③

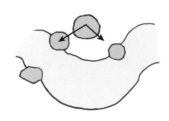

圖 75-4　岬角的石頭配置順序④

流水的石頭配置上，就算不等邊三角形，大、中、小，或氣勢方向都搭配得恰到好處，但若像**圖 76 第 1 圖**那樣，石頭的邊緣線和流水河岸線重疊的話，會無法凸顯出石頭的存在。而若像**第 2 圖**這樣，讓流水的河岸線比石頭邊緣線向陸地側深入一點，就能讓石頭和流水的輪廓都更鮮明。（參考 P.150 圖 **79**）

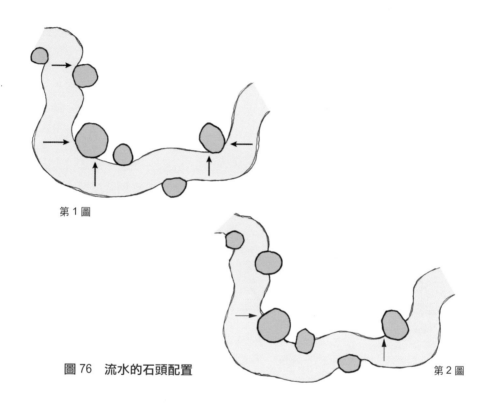

第 1 圖

圖 76　**流水的石頭配置**

第 2 圖

　當我們眺望自然的河流時，不僅會看到河流邊緣的石頭，也會看到山邊、及河流中的石頭。表現自然風時，需先思考要呈現的景色和規模，再想想是否需要補足什麼會更好，加以取捨、統整好整個景色。

　石頭的配置也要隨著景色的變換而調整，讓水景能從瀑布、上游的流水、到下游漸漸地改變，呈現出不同的感受。舉例來說，頂端不那麼平整、有些前傾的石頭等，雖然看起來不太穩、但帶有躍動感，這些石頭多會用在瀑布、流水上游處；而有較多平面的石頭比較有安定感，就會配置在流水的下游處，這樣整體性會比較好。

　此外，如**圖 77** 所示，利用石頭的質地、形狀、顏色等的不同，也可以表現出有趣的變化。不過基本上，還是要先把握好氣勢、空間、不等邊三角形的配置、以及高度變化等原則。

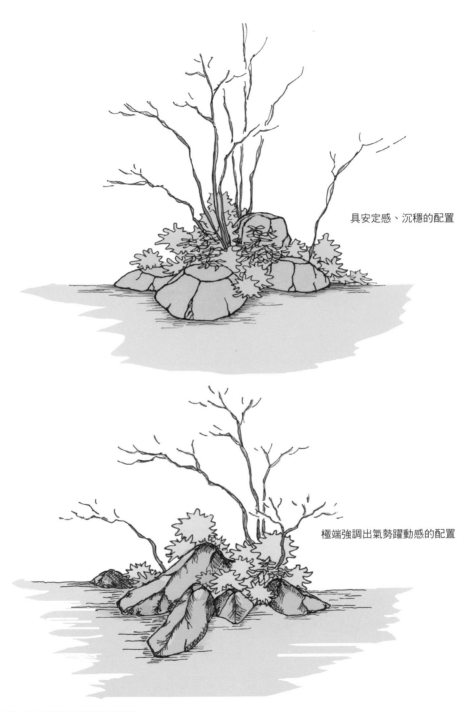

具安定感、沉穩的配置

極端強調出氣勢躍動感的配置

圖 77-1 石頭的配置及氛圍

上、下圖不侷限於素材，著重在
氣勢和空間的表現也很有趣。

圖 77-2　石頭的配置方式及表現氛圍

（2）堤岸

在流水和水池堤岸配置石頭時，首先，要在幾個主要岬角上配置做為重點的石頭，接著在其他河岸線上噴塗砂漿修飾，呈現出俐落單純的線條（**圖78第1圖、第2圖**）。再利用丹波石等做出河岸邊緣（**第3圖、第4圖**），或者使用亂椿或「柵欄」來做也可以。

如果因為地形而需要使用擋土用石材的話，就得做出水池或流水的邊界，這時候最好在不破壞配置要點之下，使用小型的石頭（**第5圖**）。

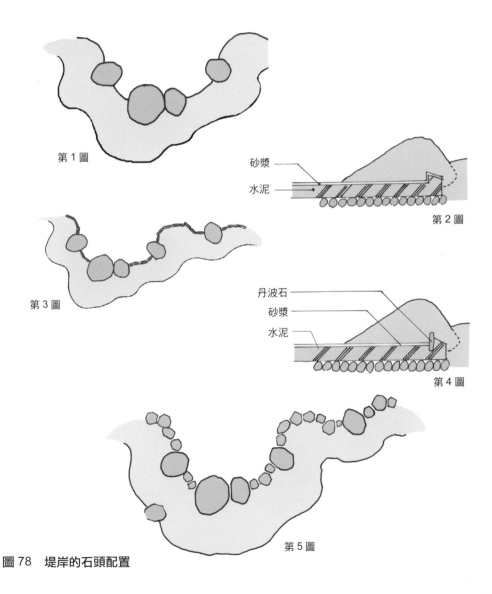

第1圖

砂漿
水泥
第2圖

第3圖

丹波石
砂漿
水泥
第4圖

第5圖

圖78　堤岸的石頭配置

主石和主石連成的流水線要避免變成一條直線,最好能和**圖79第1圖**一樣,畫成一條和緩的S形。而且也要像**第2圖**一樣,讓主石凸出河岸的地方接近直角。如果變成**第3圖**那樣與河岸形成銳角的話,就不太好看了。

　　岬角的凸部是配置石頭的重點所在,而對岸的凹部則要減輕配置的力道,特別是當凹部的上游處流水和地盤的高度差很大的地方,還必須配置擋土用石材才行。這時在石頭的處理上,不能只配置底部凸出的石頭,而是要多用一些上部看起來前傾的石頭,營造成受水流力量沖刷過的樣子,加深自然的效果。**圖80**中斜線標示的石頭,就是前傾配置的感覺。

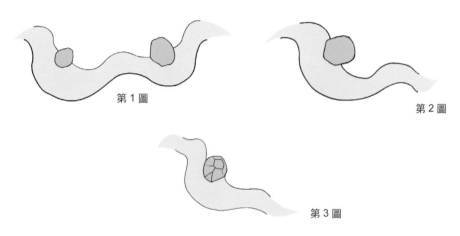

第1圖

第2圖

第3圖

圖79　流水線的做法

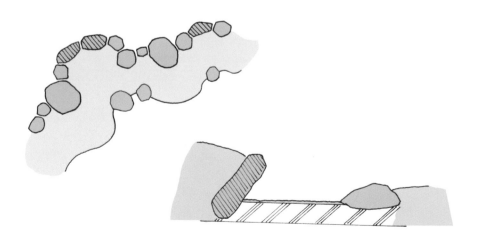

圖80　岬角石頭的配置方式

　　如果流水和地盤的高低差很小，堤岸就要選用小型的石頭，流水的深度也要改淺一些（3～5公分）。尤其是主要視點側（前方）的流水邊緣要做得不明顯，只需在岬角的重點處放置石頭即可，而且山側岸的石頭要擺得比對岸高一些。不過，如果流水或水池的水面比前方（視點側）的地盤明顯來得低、或是在前方配置了大型石頭時，雖然從視點看前後方的流水時不會有什麼不妥，但看左右方的流水時，卻會不容易看到水面，這一點要多加留意。如**圖 81 第 1 圖**所示，降低前方石頭的高度後，水面看起來也會變寬；但像**第 2 圖**那樣，流水過深、或是石頭太大的話，就會難以看見水面，得靠近些才能看得清楚。

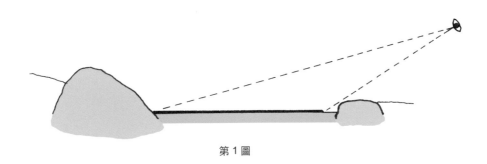

第 1 圖

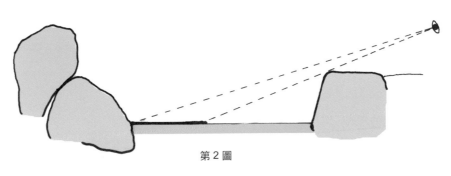

第 2 圖

圖 81　堤岸石頭的配置

（3）中島

　　在流水中也可以設置一座中島，並在上面種植植物。如果流水幅度較寬，而當中只有水流和石頭的話，景色難免顯得單調，這時可以在流水中加上植物做點綴。設置中島時要注意，避免把中島設置在靠近流水中央的地方，而是要配置在流水整體長度七比三、或八比二比例的地方。更要避免設置在岬角的凸部附近（石頭氣勢的正面），改設在凹部附近、或大型石頭的下游側會比較好。如果數個地方都要設置中島，那麼也要在長度、幅度、形狀上做一些變化才行。

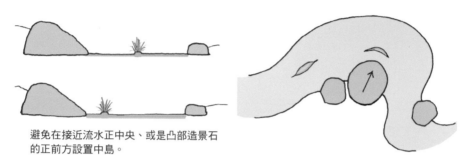

避免在接近流水正中央、或是凸部造景石
的正前方設置中島。

圖 82-1　設置中島的方式（不良範例）

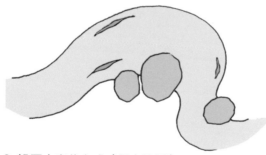

圖 82-2　設置中島的方式（優良範例）

（4）沙洲（砂礫洲）

　　雖然經常看到把沙洲設置在上游險峻地形處的做法，但怎麼看都覺得不夠穩當。在傾斜角度過大的上游設置沙洲是非常不自然的。沙洲其實是上游的小石頭被沖刷後堆積在下游所形成的。在表現手法上，與其在岸邊放置來自上游的小石頭，不如與山側露出的植物交雜在一起更好些（**圖 83 第 1 圖**）。而且，硬是在上游處設置沙洲實在不是一個好的做法，寧可是在中、下游水勢較緩和的地方設置沙洲，會更為貼近自然（**第 2 圖**）。另外，沙洲的傾斜角度也不能像**第 3 圖**那樣陡斜，而是要像**第 4 圖**一樣，接近水平面、角度和緩的樣子。還有，在設置的比例上，設在岬角凹岸處的沙洲也要比凸岸處來得多。

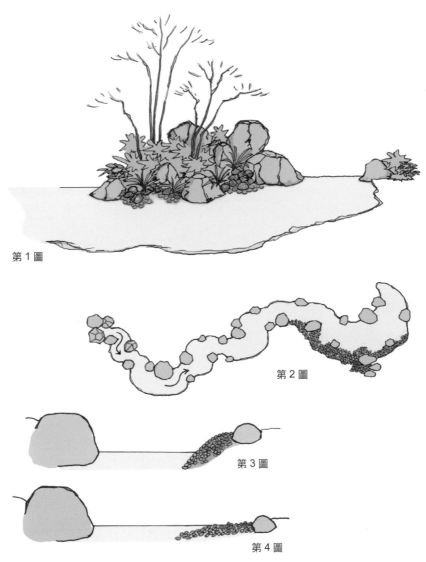

第1圖

第2圖

第3圖

第4圖

圖83　設置沙洲的方式

（5）亂樁

　　亂樁本來是為了維護堤岸、或是在泊船處使用的木樁，這些木樁雖然是人工製成的東西，但經年累月後部分毀損了、只殘存幾根下來，反而更能融入自然景色當中，變成了自然的一部分。在庭園裡要表現的就是這樣的感覺。不過，如果把亂樁設置得離岸邊太遠，或排列得太凌亂，反而會表現過度，這點要特別留意。

（6）瀑布和流水的配置

這裡要好好地檢視一下，瀑布和流水應該設置在庭園的哪個地方，又要呈現出怎樣的景色呢？

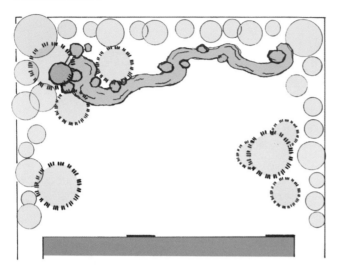

圖84中的瀑布設置在庭園最深處的左側，搭配了幾乎和建築物平行的流水，整體看起來就像一條橫線，很難產生景深感。而且，難以看見水面也是缺點之一，不過如果還有別的角度做為視點的話，就不在此限了。

圖 84　瀑布和流水的配置①

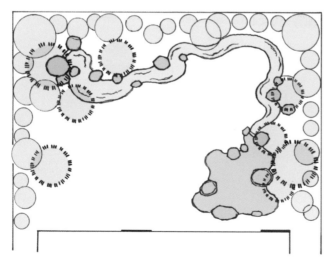

圖85的設計是將位於庭園深處的流水在右方轉了一個彎，流進住宅前方的池子。從左邊的房間看得見瀑布，從右邊則能眺望到流水和池子的不同景色。流水的長度變長後，會因為坡度漸降，導致水池的水面變低，與地盤的高低差也會變大，這方面也要加以考量。

圖 85　瀑布和流水的配置②

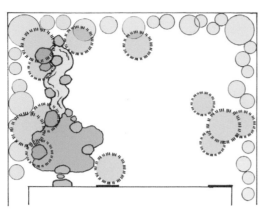

圖86 瀑布和流水的配置③

圖86 是將水源設置在庭院深處，讓水流至眼前、注入水池。因為整個水景朝著視點方向而來，所以感覺會很有力道。

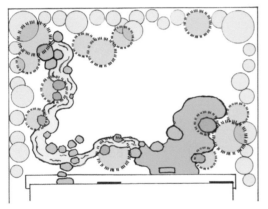

圖87 瀑布和流水的配置④

圖87 來自庭園深處的水源向面前流過來，沿著建築物、流到腳邊，能感覺到流水和水池就近在眼前。

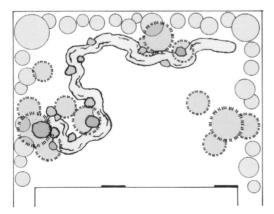

圖88 瀑布和流水的配置⑤

圖88 的水源很接近視點，能夠清楚地看到水源，能展現出水的力道；流水也做了一點變化，看起很有趣。

依據地形和視點的不同，就像前面的圖示，流水也有各種不同的流向。但像圖89那樣，流水從庭園中央附近、從左到右流過，把庭園切成前後兩個區塊；或是從對角線流過，把庭園一分為二，這樣都極可能讓庭園變狹窄，因此要採用這種方式之前，一定要充分考量過才行。

　　不管是橫向、或縱向，如果流水長度很長，就算看起來已做了彎曲，但只要整體看起來像一條大直線的話，也會讓人覺得幾乎沒有什麼變化。

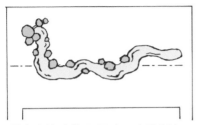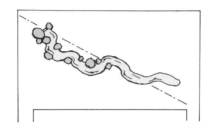

圖89 瀑布和流水的配置（不良範例）

　　圖90中的流水，雖然有幾個部分做成彎曲，但整體幾乎還是在一條軸線上，凹凸部的岬角幅度也差不多，所以景色也很容易變得單調乏味。若像圖91這樣，稍微改變軸線的位置，那麼就算流向相同，也能形成有變化的景色。

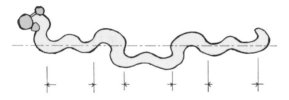

圖90　瀑布和流水的配置（不良範例）

圖91　瀑布和流水的配置（優良範例）

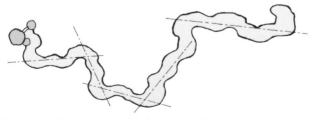

圖92　瀑布和流水的配置（優良範例）

　　如果庭園的規模很大，可像圖92一樣，在軸線及岬角幅度上多加改變，水面景色就會有前後、左右、斜側方的變化，增添觀賞的樂趣。

（7）流水周圍的植栽

　　植栽的基本概念已在前面自然風植栽的單元中敘述過了。從計畫做成流水的地形來思考看看，應該很容易看懂**圖93**的**第1圖**中，A、B、C的凸部是山，虛線的D、E是峽谷。相較於種在山上的大棵樹木，種在D、E附近的植物就必須小一些，透過二者力道的消長，增加植栽強弱、濃淡上的變化，這樣一來就能表現出山和谷的感覺，同時也能把景深感強調出來（**第2圖**）。

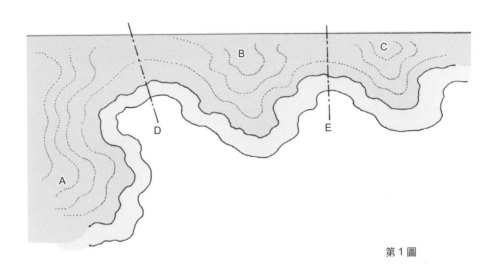

第1圖

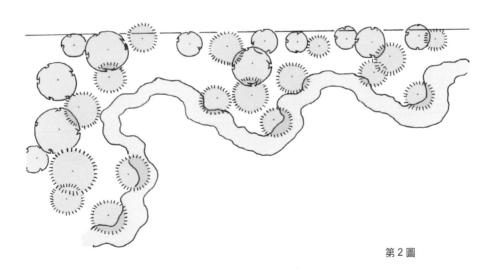

第2圖

圖93　流水周圍的植栽

像圖 94 這樣，山就要有山的樣子，谷中的植栽當然得種得比山上的低，這樣才像自然的本色，也能有景深感。要避免像圖 95 那樣，植栽種得沒有高低起伏。另外，就算有明顯的高低落差，如果凹谷附近的植栽種得比山上的植栽高的話，一樣無法表現出自然的氛圍。

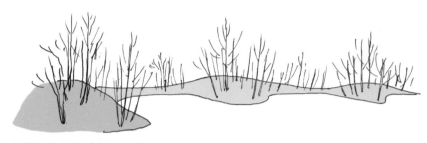

圖 94　山與谷的植栽（優良範例）

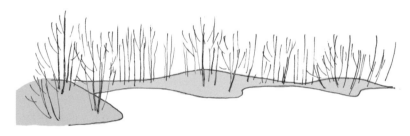

圖 95　山與谷的植栽（不良範例）

像圖 96 這樣，在從前後方眺望流水的庭園中，如果在流水對面側的凸部也種植栽的話，就能表現出美麗的遠景。

圖 96　流水周圍的植栽（優良範例）

　　如果庭園像**圖 97** 一樣規模較小，從左右方眺望流水時，如果在前方的凸部也配置植栽的話，會很有壓迫感，流水也不易被看見，這時候可以乾脆省略掉前方的植栽。不過若是碰到難以呈現庭園景深的情況時，在建築物附近種植樹木做為近景，效果也很不錯。

圖 97　流水周圍的植栽（優良範例）

（8）自然的地形

　　以流水周圍的例子思考自然山形的做法時，會發現**圖 98** A 的部分為凹谷，應該做成研磨缽的形狀（凹陷）；而 B 的部分是山，誇張一點比喻的話，就是要做成倒扣的碗一樣的形狀（凸起）。

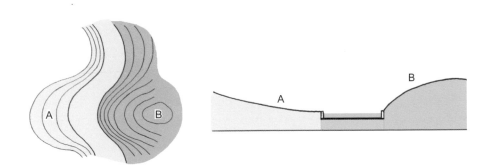

圖 98　自然山形的做法

八、水池

（1）水池的形狀和縱深

古早以來就有心字池、葫蘆池等名稱的水池。心字池的形狀很適合自然風；至於葫蘆池，由於凹陷的部分相對著，形成氣勢的衝突，所以比較不適合。不過其實氣勢衝突的問題，只要錯開凹陷相對的位置，還是可以解決得了。

如果把水池視為流水的延伸，那麼在某種程度上就做成流水的形狀即可。不過這裡我們要單獨地就水池的造型來思考看看。這樣的思考方式與日式庭園、或西式庭園是不相關的。

首先從圖99的圓形和正方形來思考。這些都是沒什麼方向性、容易處理的形狀，直接把這樣的設計放進庭園裡也不會有什麼問題，不過，也可以把這當做基本型，試著做一些變化看看。

圖99　水池的形狀①

像圖100這樣，在某部分設計凸起做變化，想像一下當成近景的情形，從A視點看過去雖然有一些景深感，但視點愈往B移動時，景深感覺就會愈來愈薄弱。

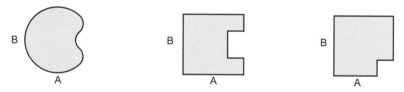

圖100　水池的形狀②

再看看圖101在水池的兩個地方做凸起的例子。如此一來，水池的形狀就會像葫蘆池一樣，雖能有景深，但中間凹陷的地方氣勢會相衝突，效果不太理想。最右邊的水池形狀還不錯，只要凸部做一點大小的變化，整個氛圍也會變得有趣。另外，還可以像圖102一樣，錯開氣勢部位的衝突做出各式各樣的形狀。

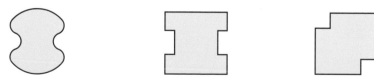

圖101　水池的形狀③

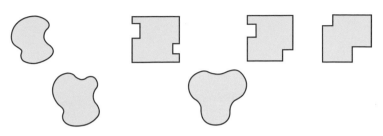

圖 102　水池的形狀④

　　水池要怎麼樣才會讓人覺得有景深感呢？**圖 103** 的**第 1 圖、第 2 圖**都是從單一視點看時，就能感受到景深的池子。如圖所示，斜線的部分是因為前面有凸部遮住了，所以有些地方看不到，但卻反而更有景深感。而**第 3 圖**的水池，則是從兩個視點看過去，都能感受到景深的形狀。這個設計的重點在於，凸部大小不能相同，也要避免氣勢相衝的情形。

　　碰到**圖 104** 的正方形水池時，做法也相同。不管是哪一個水池，都要設想看看換一個視點眺望的情形，這樣的思考是非常重要的。

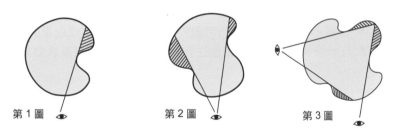

第 1 圖　　　　　　　　第 2 圖　　　　　　　　第 3 圖

圖 103　水池的景深①

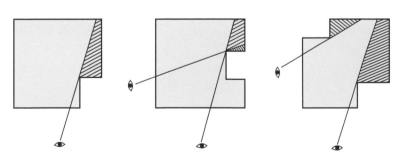

圖 104　水池的景深②

就算水池變大、形狀變複雜時，也要避免氣勢相衝突、以及水池邊緣線並排的情況發生。

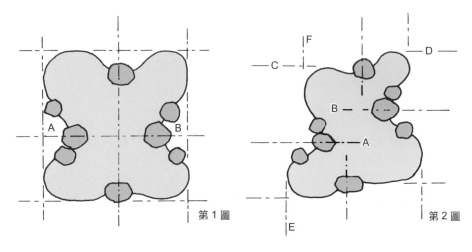

第 1 圖

第 2 圖

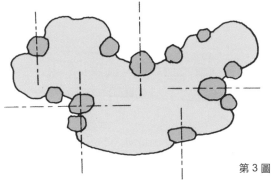

第 3 圖

盡量避免做成**圖 105 第 1 圖**那樣，A、B 岬角的氣勢相對、邊緣的凹陷方式也相同的水池形狀。而應該像**第 2 圖**這樣，錯開 A、B 兩岬角的氣勢，讓 C 和 D、及 E 和 F 的邊緣線都有些變化，這樣就能帶出景深感。就算水池的形狀變成像**第 3 圖**那樣，思考的方式也是一樣的。

而且，也要留意不要做成**第 4 圖**的對稱形狀。若碰到這種情況時，只要把水池改成虛線的形狀，應該就沒什麼問題了。

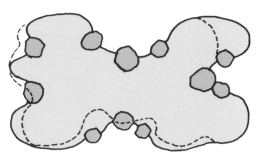

第 4 圖

圖 105　水池形狀的優劣

（2）池子的實際範例

　　如果覺得自然風水池的連續曲線單調無趣的話，也可以改用直線來凝聚景色。例如在曲線中，搭配帶有城牆感覺的直線、和切割石的直線等，會讓景色有變化的趣味。

　　圖 106 是利用自然石材的造景石，搭配粗面石牆的直線、工整切割出的飛石組合而成的水池，也相當有意思。以這種大小的庭園來說，石牆的高度以 30 ～ 50 公分為佳，再高的話會有沈重壓迫的感覺，也會讓視覺的重點落到地勢較高的石牆側。

圖 106　由造景石和粗面石牆組合成的水池

在自然風的水池中加上粗面
石牆的組合，只要強調粗面石牆
的凸角，並在高度上做出變化，
很容易就能營造出景深。

圖 107　在自然風的水池加上粗面石牆的組合①

　　如果水池的直線變多了，石
牆的線條也會有僵硬沉重的感覺，
這個時候只要在石牆的凸角處配
置一些天然石，就能讓石牆的線
條變柔和，水池周圍也會和天然
石調和成優美的景色。

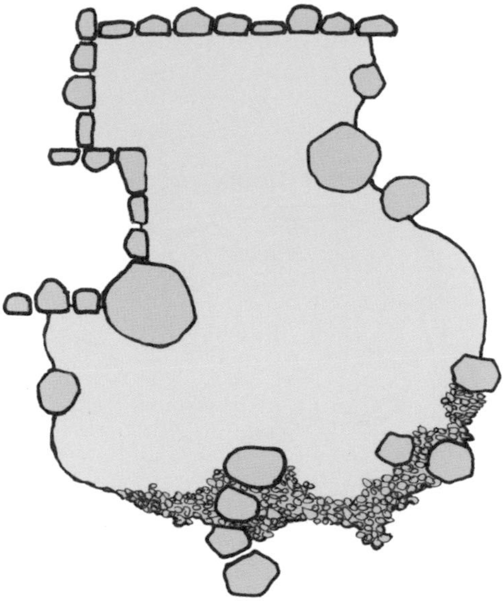

圖 108　在自然風的水池加上粗面石牆的組合②

如果庭園的地形沒有變化、幾乎是平面時，設置過多的天然石會有一種平地中突然蹦出石頭的不自然感，感覺很奇怪。這時，應該只在水池凸部的重點上配置天然石，重點強調就好了，其他堤岸使用切割石、或六方石做出俐落的氛圍。

圖 109　平面庭園的水池中配置天然石

　　有的庭園會以石牆為視覺重點進行配置，不過，在組合了瀑布、流水、水池的石牆中，究竟要以哪一個為重點，還是得做出明確決定才行。假如像**圖 110 第 1 圖**的平面圖一樣，決定以瀑布為重點，要滿足從單一視點看過去時、瀑布和石牆兩者都要看得見的話，就要避免像**第 2 圖**那樣石牆堆高到蓋過瀑布的設計。而要像**第 3圖**這樣，使用適合周圍地形高度的矮石牆，這樣才能讓瀑布附近更鮮明，形成帶有沉靜氛圍的景色。

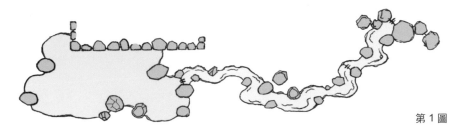

第 1 圖

第 2 圖

第 3 圖

圖 110　瀑布、流水和石牆的組合

九、庭石

　　單獨配置在重要位置上的石頭，一般稱為造景石（日文稱為「捨石」，意思是點綴用的石頭），不論是數顆石頭組合的配置，或是不做組合的配置，在每一顆石頭之間都會有一種力的關係，這樣的石頭配置即稱為「石組」。

　　石頭的種類可依個人的喜好而定，但應盡量避免顏色過於鮮艷的石頭，選用暗色系的會比較合適。顏色鮮艷的素材即便單獨存在就很搶眼，可能會干擾其他造景物的呈現，甚至破壞整體氣氛。另外，也要避免使用表面平滑、有光澤的石頭，表面有些微凹凸、帶有粗糙質感、甚至是稜角分明、有分量感的石頭，會是比較好的選擇。不過，凹凸太多的多孔石頭、極端尖銳的石頭、或是近乎球形的石頭等，會比較難運用在自然風庭園的表現上。

（1）基本的設置和組合方法

　　雖說在大自然中看到的石頭姿態沒有規律可言，但對規劃石組的設計者來說，若沒有自己的一套法則，就很難配置好石頭。以下就來說明配置石組的幾個概念。

　　圖 111 中的 A、B、C、D，上方是平面圖，下方對應的是從氣勢的前後方向來看的立面圖。A 石頭頂部有較多的平坦面積，B 石頭的平坦部分約占三分之一，C 石頭只有些微的平坦部分。像 A、B、C 那樣，頂部都有平坦部分的石頭，一般都會配置成水平狀態（緊貼陸地），而像 D 這樣呈山形的石頭，配置時的左右傾斜角度得要一致才好。

　　圖 112 是對應到圖 111 的石頭，由直角方向看過去時氣勢的立面圖。

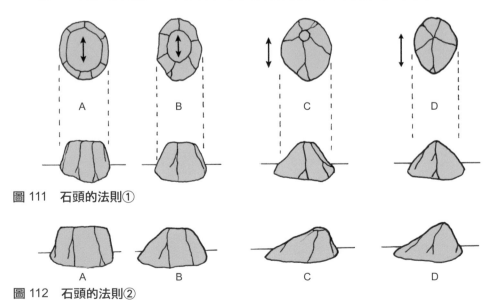

圖 111　石頭的法則①

圖 112　石頭的法則②

石頭氣勢的前後方向看到的形狀，若像**圖** 113 那樣沒有徹底擺設好的話，就會給人不安定的感覺。圖示中 A、B 石頭的頂部沒有放置成水平狀態，C 則是左右的傾斜角度不同。

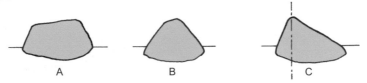

圖 113　石頭的設置方式（不良範例）

從氣勢延展的方向看過去時，如果石頭要設置成山形的話，就要像**圖** 114 一樣，無論是什麼形狀的石頭，左右的傾斜角度都要幾近相同，這樣才會呈現出安定感。像右圖那樣的石頭，不管是以 A、B、或 C 做為頂部設置成山形都可以，擺放有很多種方式。

圖 114　設置成山形

將石頭設置成**圖** 115 一樣時，從 A 視點看過去時，只能看得到一個面（立面圖 a），這樣會讓石頭看起來只有平面、沒有景深感，要盡量避免為宜。而從視點 B 看過去時，至少能看到兩個面以上（立面圖 b），這樣的設置方式才能帶出趣味。

圖 115　石頭的設置方式

接下來再思考看看如何把數個石頭組合起來，或是數個石頭之間要如何做出有關連的配置。石組跟植栽的思考概念很像，並不是要將石頭平均配置在整個庭園中，同樣也是要先決定好視覺的重點，然後再以此為中心加以思考，配置出有秩序感的石組。

使用多個石頭的情形也是一樣，要把大型石頭、或多個石頭的集合體當成一個中心群來思考，然後搭配二～三處力道稍弱的石頭群，並且將這些石頭群配置成不等邊三角形，如此一來石組就很容易統整起來。而一個有整體感的石頭群組，組合時要將各石頭的氣勢統一起來，石頭的稜線（石頭的起伏線）也要收整好，這樣就能呈現具有統一性的石組。

先從最小單位的組合、也就是三顆石頭的情形來思考看看。像圖116第1圖一樣直線排列的組合方式，是用來擋土用石組、或是砌石牆的組合方式，在自然風的石組中，要避免這種做法比較好。第2圖那樣組合成不等邊三角形的方式固然不錯，但大石頭左右兩側的石頭大小相同的話，就會形成等腰三角形，這點要特別留意。反觀第3圖，讓一顆石頭稍微離遠一點，這樣形成的不等邊三角形力道會和緩許多，感覺比較柔和，是相當不錯的做法。此外，也要避免配置得像第4圖那樣一直重複著大小、大小的配置方式。

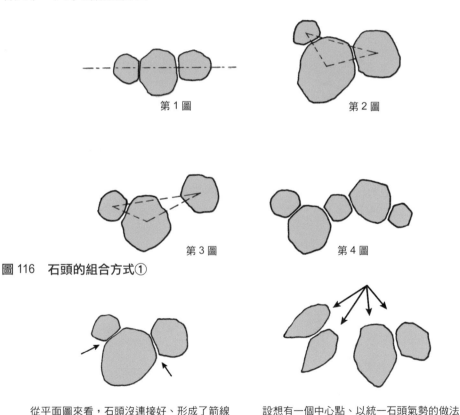

第1圖

第2圖

第3圖

第4圖

圖116　石頭的組合方式①

從平面圖來看，石頭沒連接好、形成了箭線所示的空間，這些空間應盡量做成鈍角。

設想有一個中心點、以統一石頭氣勢的做法

圖117　石頭的組合方式②

　　實際上，配置石頭時，除了從平面的角度來看之外，也必須從立體的角度來思考。不要像圖118第1圖、第2圖那樣，把左右兩側的石頭設置成與中心的石頭相同高度（在大小上也要做變化）。而是要像第3圖這樣，在高度、大小上都做出一些變化。石頭相接處不要有空隙，而且要像第4圖箭線所指之處，開成鈍角。如果像第5圖那樣開成銳角的話，看起來就不夠沈穩了。如果要做成銳角的話，就要像第6圖這樣，讓一顆石頭稍遠離些，也是不錯的辦法。

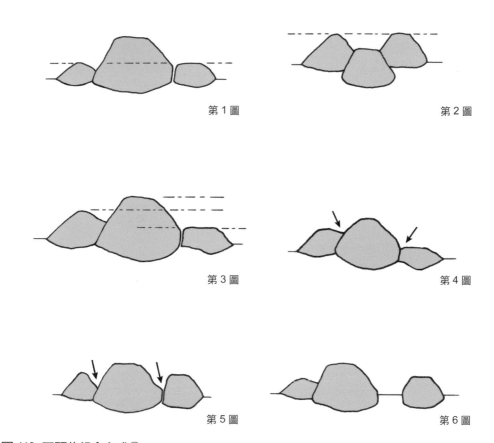

第1圖　　　　　　　　　　　　　　　第2圖

第3圖　　　　　　　　　　　　　　　第4圖

第5圖　　　　　　　　　　　　　　　第6圖

圖118　石頭的組合方式③

（2）粗面石牆

　　頂部和正面不做人為加工、保留了自然平面風貌的石頭，一般庭園多半會利用這樣的石頭堆砌石牆，做為擋土石之用。

　　以下是堆砌石牆時要留意的地方：

- 基本上，石牆頂部應為水平，正面（側面）也要大致平整，而且要穩固不會崩壞。
- 每一顆石頭的正面要大致平整，和鄰石相接的側面要以近乎直線的方式接合，四邊形或五邊形的話會比較容易堆砌。不過，像以尺規量切出、有著銳利工整線條或平面的石頭，自然味盡失，避免使用為宜。
- 因應石牆的高度，需重疊數顆石頭，這時，要把較大顆的石頭配置在石牆的頂端、凸起處的頂端、以及下方等處；中央附近力道要弱一些，這樣堆砌起來的石牆才會產生安定的分量感。如果以相反的方式配置，把小顆的石頭配置在石牆頂端的話，石牆會給人脆弱、缺乏力道的感覺。
- 除了頂端的石頭之外，其他石頭的上方都要留意不要排列成長長的水平狀，側面也不要排成長長的垂直線。
- 石頭與石頭之間的接縫不要排成十字形。
- 從頂部向下傾斜的石頭，會讓堆在上面的石頭容易滑落下來，要避免這樣的配置法。堆砌石頭時，要將石頭的重心導向後方（山側），石牆才會穩固；重心前傾的堆砌方式是非常危險的。
- 若以混凝土或砂漿補強石牆內部的話，要讓施工痕跡不明顯，從石牆表面不能看到內部的補強，這點要格外留意。

　　如圖 119 所示，在石牆頂端、凸出處的頂端、以及下方，使用大型石頭，可減低石牆中央的力道，看起來才有穩定感。

　　而像圖 120 那樣，把大型石頭堆砌在石牆下方、或和中央部分的話，看起來穩定感也不錯，但是頂端的力量不足，缺乏強而有力的感覺。

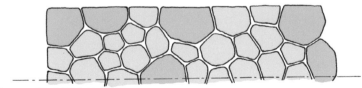

圖 119　粗面石牆（優良範例）

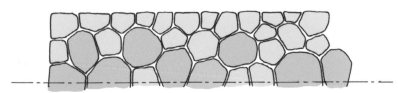

圖 120　粗面石牆（不良範例）

　　不要像**圖 121** 的 A 那樣，把石頭的接縫做成十字型。B 這樣的垂直接縫會讓石牆看起來像被切成左右兩邊，容易被誤解為因為計劃變更才又另外堆砌的石牆。像 C 那樣連貫起來的接縫，也會有完工後才補砌上去的感覺，也不是很好的做法。

　　圖 122 第 1 圖的 A、B 處，看起來就像上下堆疊而成，也不太恰當。這種情況很容易發生在下方石頭的頂部平整部分較多的時候。碰到這種情況時，可像**第 2 圖**一樣，在石頭的形狀大小上做出變化，同時改變氣勢的走向，就能解決這個問題。**第 1 圖** C、D、E 石頭的形狀很適合用在石牆的頂端，不過大小相同、形狀相似的石頭排列在一起，看起來沒什麼變化，要避免這樣做才好。

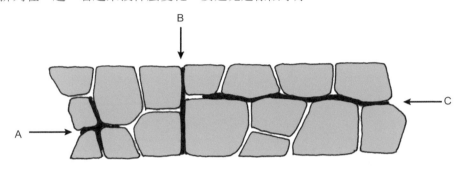

圖 121　粗面石牆的要點①

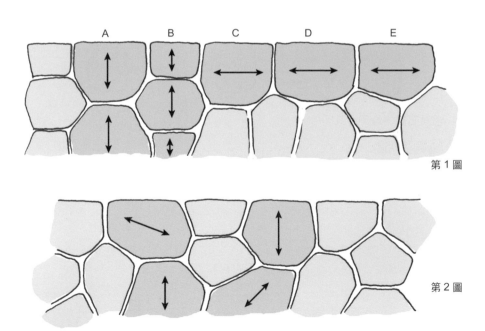

第 1 圖

第 2 圖

圖 122　粗面石牆的要點②

堆砌粗面石牆時，要像**圖 123** 這樣，把石頭的接縫堆成「人」字，盡量避免出現水平、垂直的接縫線，這樣看起來會比較柔和。

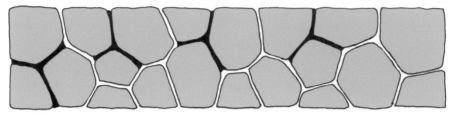

圖 123　粗面石牆的堆砌方式

石牆不能只是表面好看而已，眼睛看不見的部分也要嚴實地堆砌好。這一點跟安全性、效能有很大的關係。

要像**圖 124 第 1 圖**，以良好的穩固性堆砌而成。不能像**第 2 圖**那樣，在頂部傾斜而下的石頭上、或是在尖銳的石頭上堆疊其他石頭，這樣容易崩塌，很危險，工作效能也會因此大打折扣。而像**第 3 圖**那樣，頂端石頭的肩部線條掉下來了，這種情形也要加以避免。

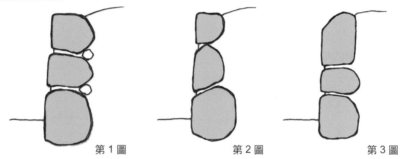

第 1 圖　　　　　　　　第 2 圖　　　　　　　　第 3 圖

圖 124　粗面石牆的堆砌方式

（3）不規則的石牆

與粗面石牆收整好頂端和側面的做法不同，不規則的石牆反而是要堆砌成凹凸不平的樣子。不過，石頭大小的處理上，基本上還是比照粗面石牆的方式施做。石頭的接合處要以寫「人」字的方式來堆砌，做成柔和的自然風。雖然不規則石牆的頂端也有堆砌成水平狀的做法，但如果想做成凹凸、不規則狀的話，要留意凹陷下去的部分得留出可隨時填補其他石頭進去的空間。如果留出的是無法填入其他石頭的銳角空間，銳利的線條也會過於明顯，而少了沈穩的感覺。

另外還有一種堆砌方式是，從側面看石牆時，愈往上方、牆面就愈往山側後退的做法。這種堆砌法雖然看起來很穩固，但缺乏變化，所以不時會讓上方石頭比下方石頭凸出、像要躍入山谷一樣。也就是要做出所謂蓄勢向前的感覺，營造出躍動感，這樣的石組才能讓人覺得就像充滿力量的大自然。

圖 125 第 1 圖是從正面看堆砌方式，在斜線部分沒有堆上石頭的地方，都留出了可再補入石頭的鈍角形狀。在這些空間種一些植物的話，也能讓石牆的感覺變柔和。

如果留出的空間像第 2 圖虛線處那樣呈銳角的話，銳利的線條容易給人不安、無法沈靜下來的感覺。另外也要注意，接縫不要做成十字型。

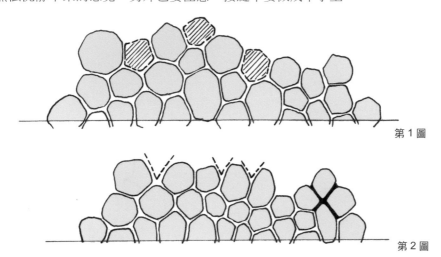

第 1 圖

第 2 圖

圖 125　不規則石牆的堆砌方式①

如果庭園地形是像圖 126 一樣帶有變化，例如由左往右傾斜的話，頂端的石頭線要注意不要排列成第 1 圖虛線那樣逐漸下降的樣子。而是要像第 2 圖，在緩緩下降的過程中做出高低抑揚的變化，才會好看。

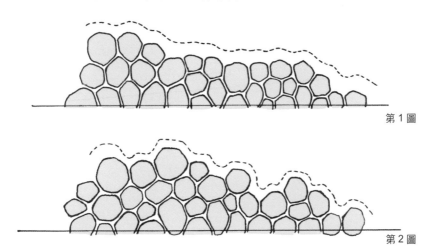

第 1 圖

第 2 圖

圖 126　不規則石牆的堆砌方式②

圖 127 第 1 圖是從不規則石牆側面看，愈往上方、石頭愈小、且愈往山側後退的堆砌方式。這樣的排法其實缺乏變化性。

　　以這種方式堆砌石牆時，要像第 2 圖這樣，在上部錯置一些大型石頭，還要偶爾配置成前傾凸出的感覺，這樣才會顯出躍動的力量感。

　　第 3 圖是在沒有石頭的空間中栽種植物的做法。植栽緩和了石頭的堅硬感，讓石牆看起格外地柔和。

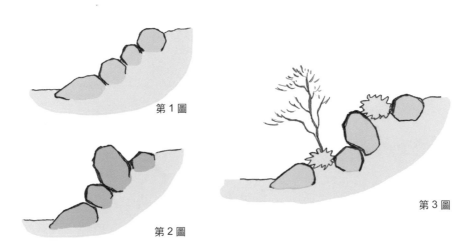

第 1 圖

第 2 圖

第 3 圖

圖 127　不規則石牆的堆砌方式③

　　自然風的石牆都是以大、中、小型的石頭交錯組合，不能砌成直線，而是要配置成不等邊三角形等，這些都是很重要、要牢記在心的概念。

　　像圖 128 第 1 圖，從平面看時，石頭雖沒有排列成一直線，但石頭大小都很相近，整體看起來變化不足。應該像第 2 圖這樣，在石頭大小上做一點變化，而且還要配置成不等邊三角形。

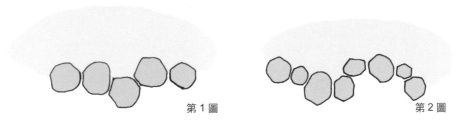

第 1 圖

第 2 圖

圖 128　不規則石牆的堆砌方式④

（4）青石、丹波石的石板牆

堆砌石板牆時要留意的要點如下：

- 每塊石板的頂部務必砌成水平狀。
- 雖然石板牆的正面要收整好、不做凹凸，但可以用一些厚重的石板強調凸出來的效果。
- 水平的橫向接縫要有一定的寬度，但每一段落的接縫沒必要都連接起來。
- 石板左右相連的接縫盡可能排列整齊，但垂直的接縫不要連接比較好。水平和垂直接縫交錯的地方也不要做成十字型。
- 沾在石牆上的髒污，例如水泥等，都要清洗乾淨。

圖 129　石板牆

配置厚石板時要注意以下要點（圖 130）：

- 厚石板最好在石牆下部、和上部配置三～四成，中間要減輕力量，配置一～二成為宜。
- 避免像 A 和 E 那樣縱向接縫連在一起的組合。
- B、F 的情形也是要留意間隔太近了，很容易不小心就把縱向接縫連起來，要特別注意才好。
- 像 B、C、D 把大小相同的石板配置在同一條接縫線上，看起來會很像並排，要避免這樣的排法。
- 像 C、G 或 D、H 那樣大小雖不相同、但重疊處很多的排列方式，看起來會有上下壓迫的感覺，很不舒服。
- A 是石板牆頂端邊角的石板，相當重要。但底端石板 I 和 A 的大小相同，這樣會襯托不出 A，應縮小 I 的面積才好。
- 頂端的厚石板要比其他石板略高數公釐，看起來比較好。特別是，厚石板的頂部不要像用尺規切畫出來的直線狀，而且要有凹凸、肩線部分自然下垂，這樣的石肩與鄰石的頂端連接起來才會好看。

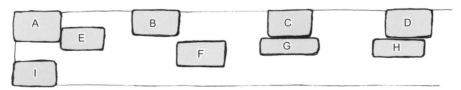

圖 129　石板牆上厚石板的配置

十、庭石的搬運和設置

（1）三叉木架和滾輪

　　利用大型重機具搬運、設置重物已成為今日的主流之下，使用三叉木架和鏈條捲揚機的移動方式也愈來愈罕見了。不過，在狹窄的地方、或重型機具進不去的地方，這些舊時的機具還是移動重物時不可或缺的道具、和重要技術。

●三叉木架的組裝和使用方法

　　準備三根末端口徑 12 公分左右、長度 4～5 公尺的檜木圓木，以及粗約 6 公釐、長約 5 公尺的鋼索兩條（需依照升降用途、物體重量適時調整）。

　　首先先準備一條鋼索，於兩根圓木的末端 40 公分處分別打上雙套結，再用剩餘的鋼索以畫八字的方式纏繞兩根圓木四～五圈，然後打結固定好，或是用鋼索夾固定也可以。如果不用八字型纏繞兩根圓木，而以繞圓方式綑綁的話，圓木會無法活動自如而不好使用。

　　接下來，再用另一條鋼索以相同的方式將剩下的一根圓木和其他兩根圓木綁在一起。這時，兩條鋼索會差不多在同一位置上。這樣三叉木架就完成了。不過考量到施工者是以站立的方式來移動三叉木架，因此如果再於接近圓木底端處開一個孔、穿過繩子，做一個手持套環的話，使用起來會更方便。

　　鋼索要以**圖 131** 左圖的八字型分別纏繞，而不是用右側的方式綑綁。

　　三叉木架組合完畢後，接下來就要搭架了。圓木的角度要和水平面呈 60 度角左右。若立得太直會不穩，而有傾倒的危險。相反的，要是角度小於 60 度（木架則會塌陷），木架底部會容易滑動，圓木也很容易因此折斷。從平面看，三圓木的底部在平整、沒有障礙物的地形上，必須是正三角形才行。如果三圓木的頂部組合方式錯誤的話，就無法俐落自如地控制三叉木架，而且，萬一木架底部滑動時，也會造成整個倒塌的危險。

用兩條鋼索綁好三根圓木

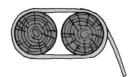

圖 131　三叉木架的組合①

圖 132 第 1 圖的頂部的組構方式最佳，第 2 圖就相對危險了。

吊掛鏈條捲揚機的鋼索稱為主吊環，主吊環的吊掛方式如果不正確的話，也會導致三叉木架難以操作，甚至會讓底部（木架腳）跳動，這點要特別注意才好。

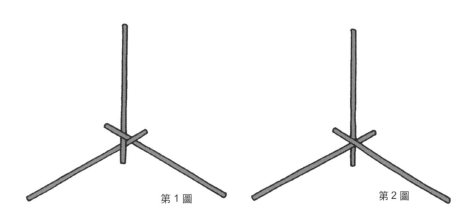

第 1 圖　　　　　　　　　第 2 圖

圖 132　三叉木架的組合②

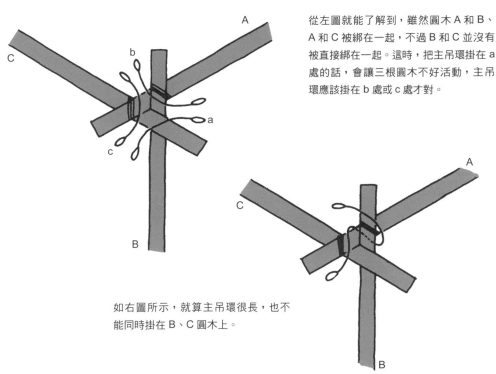

從左圖就能了解到，雖然圓木 A 和 B、A 和 C 被綁在一起，不過 B 和 C 並沒有被直接綁在一起。這時，把主吊環掛在 a 處的話，會讓三根圓木不好活動，主吊環應該掛在 b 處或 c 處才對。

如右圖所示，就算主吊環很長，也不能同時掛在 B、C 圓木上。

圖 133　三叉木架的組合③

立好三叉木架、掛好鏈條捲揚機後，就能以這樣的狀態吊起重物，不過隨著三叉木架所在的地面狀況不同，也可能會發生危險。好比說當吊起 2 噸的重物時，這個重量會變成由三根圓木的底部來承受，但因每根圓木的接地面積都不大，這樣一來，一旦地面太過鬆軟，就會導致底端下沉，破壞了整體的平衡。相反的，如果是架設在堅硬的水泥地上，也會有滑動的危險。因此，像在這種地面支撐力較弱的地方（就算是堅硬的地面，為安全起見，也應該設置防護措施），就要使用厚度 5 公分、寬度約 30 公分、長度約 50 公分的木底板，或木塊來補強圓木的底端。也要注意，如果補強方法錯誤，三叉木架也會無法發揮效果

圖 134　木底板的使用方式①

　　從圖 134 的平面圖來看，木底板的方向要像 A 一樣朝向三叉木架的中心，而不能像 B 那樣配置。同時如圖 135 所示，木底板要和圓木形成直角，並盡可能增加接地面積；也需根據現場的狀況，加墊木塊。如果像圖 136 的 A 處那樣，接地面積雖大，但卻和圓木形成銳角的話，就會容易滑動，失去補強效果而造成危險。B 處雖然和圓木形成直角，但偏向一邊，也會無法發揮木底板應有的效果。

　　至於在混凝土表面等容易滑動的地方，可在三根圓木的底端分別綁上繩子將三腳連結起來，就能在一定的範圍內防止木架滑動。

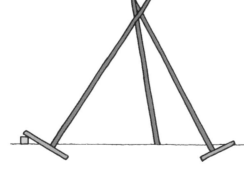

圖 135　木底板的使用方式②

圖 136　木底板的使用方式③

　　準備到這個程度後，就可以開始進行吊掛作業了。不過重物要掛在三叉木架的哪個位置上，才能安全又有效率地進行作業呢？以庭石為例，如果石頭就在計畫放置的位置上，只要將三叉木架的中心設置在石頭的中心上，就能順利地吊起庭石、調整位置擺設好。但如果石頭的位置和計畫放置庭石的位置有段距離時，就要留意下列事項。

　　如圖 137 的平面圖和立面圖所示，A、B 處的石頭就位在連結著三叉木架底端的三角形之中，能夠安全地進行吊起 A、B 石頭的作業。但遇到像 C 那樣在三角形之外的石頭時，吊掛作業會讓三叉木架往 C 的方向傾倒，造成危險。碰到這種情形時，就要在該石頭的反方向（也就是圖中①、②圓木連結線的直角方向上）綁上穩固的物體，例如像是大樹等物體，用繩子或鋼索將其和三叉木架的頂端牢牢固定住，防止三叉木架倒塌。這種方法又稱為「綁虎綱」或「抓虎」。

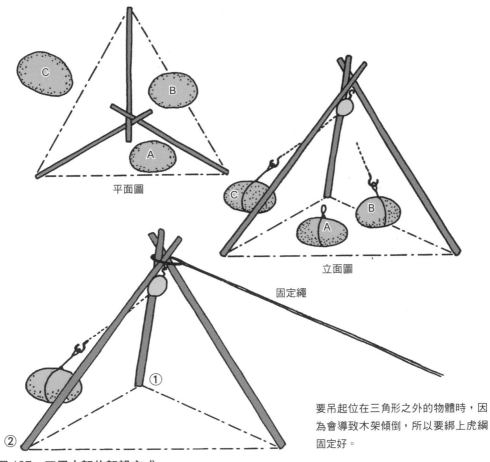

平面圖

立面圖

固定繩

①

②

要吊起位在三角形之外的物體時，因為會導致木架傾倒，所以要綁上虎綱固定好。

圖 137　三叉木架的架設方式

圖 138 是在傾斜地面上作業的情形。雖然石頭就在三角形範圍之中，不過當石頭被吊起、離開地面的瞬間，極有可能因為鐘擺運動而甩出三叉木架之外，引起倒塌。為了預防危險發生，必須使用固定繩（虎綱）才行。另外，為了防止石頭的擺動幅度過大，要利用堅固的繩子將石頭綁在大樹的根部、或三叉木架中的一根圓木上加以牽引，再慢慢鬆開繩索、移動石頭。而用在這種情況的繩子稱為「牽制繩」）。

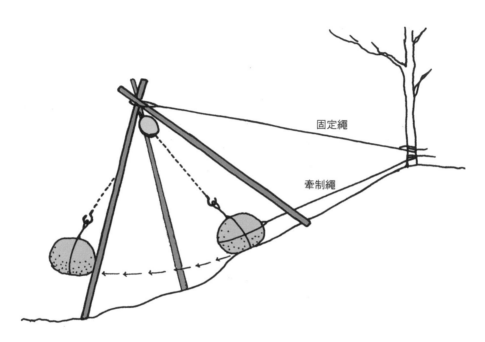

固定繩

牽制繩

圖 138 三叉木架的架設方式

　　相對於三叉木架的方式，還有二叉木架、或單木架（亦稱為單腳架）等作業方式（**圖 139**）。二叉木架是用兩根粗圓木來吊起重物，但二叉木架無法單獨站立，所以在兩根圓木連結線的直角方向上，至少得架設一條固定繩（虎綱），可能的話，反方向上最好也綁上固定繩。單腳架則是使用一根粗圓木或鋼架等，至少要在兩個方向上架好固定繩。此時，兩條固定繩形成的角度應為 100 度～ 120 度才行，不然單腳架會搖動，這點要特別注意。如果只是吊起重物而不需移動位置的話，二叉木架或單腳架的固定繩末端還是要固定在可耐張力的大樹等物體上，如果像圖中的 A 一樣，裝上絞盤等裝置，還能自由地改變吊掛的位置。

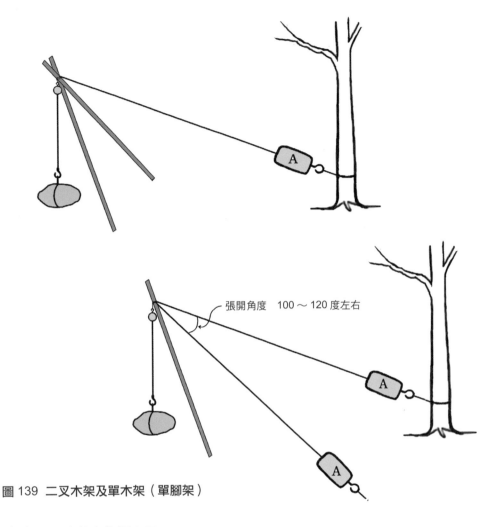

圖 139 二叉木架及單木架（單腳架）

（2）利用木輪來搬運庭石

　　木輪有鐵製（金屬木輪），以及利用櫟木加工製成直徑 10～12 公分、長度 1.0～1.2 公尺的木輪，使用時通常都以五根為一組。由於軌道和枕木通常也都是木製的，所以一般都會使用木製的木輪。

　　首先，要在移動路徑的行進方向上鋪設軌道，左右兩側要呈水平（若地面堅實穩固的平面，也可省略鋪設軌道）。

　　將木輪放置在木軌上，在木輪上方放好兩根由櫟樹等堅硬木材製成的枕木，將枕木的前端對齊好。枕木的尺寸可隨著搬運的石頭大小而改變，不過一般都會使用兩根厚度 12 公分、寬度 15 公分、長度 1.8 公尺左右的枕木，並將前後兩端削斜，以利滑入木輪。

利用重機具或三叉木架，把石頭吊起來放置在枕木上，在石頭的前後分別插入止滑用木條加以固定，止滑木條也同時具有連結兩根枕木的功能。

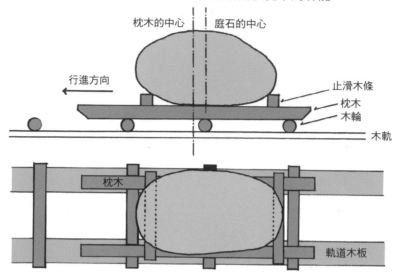

枕木的中心　庭石的中心

行進方向

止滑木條
枕木
木輪

木軌

枕木

軌道木板

圖 140　利用木輪搬運石頭①

　　在枕木上的石頭如果放在偏向枕木後側的地方，枕木的前端會稍微翹高，這樣就可以輕易地從前方滑入下一根木輪。相反的話，如果石頭放在枕木偏前方，就會比較難以滑入下一根木輪。由於枕木下的木輪一般會有三根，當枕木滑到前方的木輪上方時，原本的第三根木輪就得脫離枕木，這樣的配置是最好的。另外，後方的木輪鬆脫後，如果中間木輪的位置沒落在石頭中心的後方，石頭就很有可能會掉下來，這點務必多留意才好。

　　行進方向改變時，只要對應轉彎角度，將木輪方向轉向（用木槌敲打木輪）就能改變行進的方向。

　　木軌稍微連結在一起即可，但為避免木軌鬆脫的危險，這時可在側邊放置輔助木板，以確保安全。

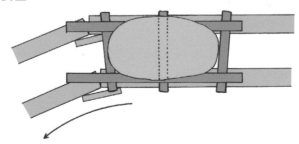

圖 141　利用木輪搬運石頭②

　　在平地上要移動 500 公斤左右的石頭，大約需要三人合力來推動。如果還是動不了的話，只要從後方利用槓桿就能推動了。

　　如果石頭的重量高達 1 ～ 2 噸的話，那就需要多人合力才能推動了。如果能使用捲揚機的話，就算人數較少也能進行作業。如果只是在直線上搬運石頭，只要在一個地方設置捲揚機就可以了。即使行進方向有所改變，也只需在中途加掛滑輪就能改變方向，不改變捲揚機的位置也沒什麼問題。

　　另外也要注意，下坡時石頭可能會有掉出去的危險，這時候得綁上固定繩，把速度放緩才行。

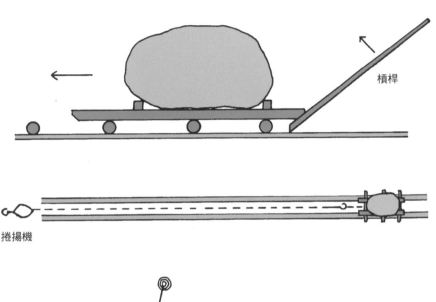

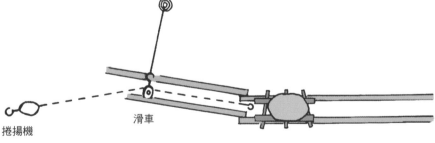

圖 142　利用木輪搬運石頭③

第四章

庭木的養護

第四章 | 庭木的養護

一、植物的生長和性質

　　從植物的生長來看，一般都會在春天開始發芽，枝葉漸漸長大，在六～七月左右幾乎所有葉子都會長成成葉，之後再生長一段時間。一直到這個階段為止，植物都還是藉助著前一年蓄存的養分生長發育，等過了這段生長期後，成熟的葉子才會開始吸收太陽的能量，慢慢蓄積養分。到了秋天左右，樹幹、樹枝、樹根都充實了，蓄存來年的養分後，進入休眠期。這就是一般植物生長的週期。從植物生長的角度，考量不妨害植物生長的養護方式，就能了解到，在植物的生長期間剪去過多枝葉，植物就會無法蓄存充足的養分，這對植物的生理是非常不利的。雖然植物的生長期枝葉太過茂密會影響庭園整體的美觀，但這個時候還是建議以最小限度修整樹形。

　　在上述的考量下，可在六～七月左右只做簡單的修剪，到了十～十一月左右，再修剪掉夏天之後長出的樹枝。已經很久沒修剪的樹木要大規模整枝時，也要在春天發芽期前進行比較好。若在夏天強力剪枝，可能會讓之前沒有直接日照到內部枝幹曬傷，導致植物衰弱、枯死。

（1）植物的性質

　　要養護植栽，就必須熟悉植物的特性，否則無法有好的工作成效。
- 必須觀察樹木的自然樹形，才好掌握枝葉的生長方向和發芽方式
- 樹枝一整年的生長幅度
- 發芽能力
- 耐寒‧耐暑
- 耐陰‧耐日照

（2）樹形的判斷方法

　　端看庭木時，要把樹木當成一個整體來思考。一般來說有兩種「看的方式」，一是從樹形的外輪廓線判斷如何修整；二是從樹幹和分枝的姿態美觀與否來判斷。落葉樹幾乎都會以後者的方式來判斷。就算把樹木當成一個整體，也不能只修剪伸出的樹枝前端而已，因為中間的枝葉多少也會看得到，因此也應該將不好看的枝葉修剪掉才對。

（3）只看樹木、不看庭園？

　　養護庭木時，並不是要做到每棵樹都被照顧得妥妥貼貼，重要的是，要徹底了解每棵樹在庭園中扮演的角色。如果理解錯誤了，就無法掌握庭園設計的重點，當然也就無法好好維護。舉例來說，庭木要比周圍的樹木高、還是低才好呢？氣勢該朝向哪個方向、該怎麼延伸才好？或是說，水缽、石燈籠、瀑布等的養護上，在半遮半掩中要顯露多大程度才恰當？諸如此類的問題，都必須能明確判斷才行。

二、養護方法

　　在養護欣賞枝幹姿態之美的樹木時，雖然不同樹種的枝幹生長方式也不相同，但基本的雜枝辨別方式其實就是找出交錯的枝幹。這些交錯的樹枝稱為「不良枝」，當立枝、下垂枝、逆行枝伸展過度，和其他樹枝交錯導致影響美觀，所以要把這樣的不良枝修剪掉。修剪方式雖因樹種不同而稍有差異，不過實際上做的，就是正確養護一棵樹、以及要如何呈現樹木形象這樣的一件事。超過這些事以外的，就是美感的問題了。

（1）立枝

　　立枝是指在樹幹頂端的樹枝之外，與橫枝近乎垂直伸展的樹枝，不過立枝並不一定都是不良枝。要是覺得立枝不好看、而全部修剪掉的話，整棵樹的樹枝都會變成扁平狀、且沒有厚度。被視為不良枝的立枝指的是，會和上方的樹枝交錯的樹枝，如果和上方樹枝之間沒有空出一定的空間，就看不出枝幹的優點；況且，這些直立在其他枝葉間的樹枝本來就容易枯死。圖1中A處的立枝因為和上方的樹枝交錯，才會將其從底部修剪掉。不過，視樹枝密度的狀況而定，也可由虛線處修剪，保留以下的樹枝。B、C兩處的樹枝雖然看起來很像立枝，不過它們和上方的樹枝仍保有了一定的空間，因此只要視樹枝的密度針對枝葉茂密的部分疏剪即可。

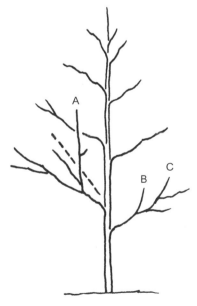

圖1　立枝

（2）垂枝（下垂枝）

除了本來就是垂枝性質的樹木（垂枝櫻花、柳樹等）之外，從橫枝中向下伸展的樹枝就叫做下垂枝。**圖2 第1圖**的 A 樹枝明顯就是下垂枝，需要修剪掉，不過 B 樹枝要保留下來。**第2圖**的 C 跟**第1圖**的 B 樹枝生長方向相同，但因兩棵樹的樹形不同，這裡的還是修剪掉比較恰當。

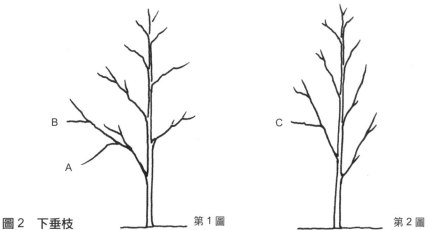

圖2　下垂枝　　　　　　　　　　第1圖　　　　　　　　　　第2圖

（3）逆行枝

從平面或立面看向樹木時，往內側生長的樹枝、或原本向外生長後又往內側彎回去的樹枝就叫做逆行枝。逆行枝和其他樹枝交錯，看起來很不美觀，要修剪掉才好。**圖3**立面圖的 A 樹枝就是逆行枝，橫切樹幹伸展，看起來就很不美觀。另外，如果只修剪掉虛線以上的樹枝，保留以下 B 的話，B 樹枝最後還是會變成逆行枝。平面圖看過去的 C 也是逆行枝，但如果修剪掉虛線以上、保留 D 的話，最後還是會長成逆行枝。

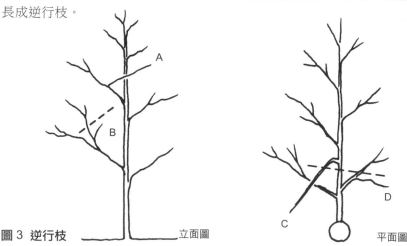

圖3　逆行枝　　　　　　　　立面圖　　　　　　　　　　　平面圖

（4）平行枝

上下方的樹枝過於接近，就算修剪掉上方的下垂枝、和下方的立枝也無法留出一定空間時，那就表示從樹幹生長出的橫向樹枝太多了，這時候就必須針對生長方向不佳的樹枝、還有伸展幅度過大的橫向樹枝進行疏剪。若碰到三段樹枝重疊生長的情形，只需修剪掉中間的樹枝即可；但若立枝上有子枝的話，考量到樹木幾年後的樹形情形，修剪時可保留子枝，先修剪掉其他部分。

圖4 平行枝

（5）子枝的修剪方式和透視度調整方式

像圖5第1圖那樣的枝葉不修剪也可以，若是修剪掉C、F，便可讓透視度提高；但如果是以修剪掉D、G來增加透視度的話，反而會讓內部沒有枝葉，不要這樣做比較好。如果想稍微剪短一些的話，可參考第2圖這樣修剪掉前端的枝葉A，並剪掉C、F增加透視度；或像第3圖一樣將A、E修剪掉，並剪去C增加透視度。若以第4圖那樣強力修剪的地方很多的話，容易讓樹形變僵硬，要特別留意才好。

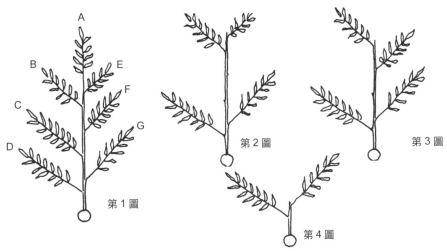

圖5 子枝的修剪方式和透視度的調整方式

在**圖6第1圖**中，從A或C處修剪，讓剩餘兩側的樹枝呈銳角的修剪方法十分恰當。但如果修剪的位置是B處，會讓剩餘兩側的樹枝呈鈍角，這種做法則是要避免。如果是**第2圖**這樣的彎曲樹枝，修剪時就要保留生長方向接近主枝A的樹枝，也就是在修剪時留下B樹枝比較好。不過，如果只修剪掉C處，會讓D變成逆行枝，這樣並不恰當。另外，若是將**第3圖**前端的樹枝A修剪掉，會讓樹枝B看起來過度彎曲了；碰到這種情形，要以**第4圖**的方式修剪，也就是稍微保留一小段樹枝A，讓整體看起來依然筆直。

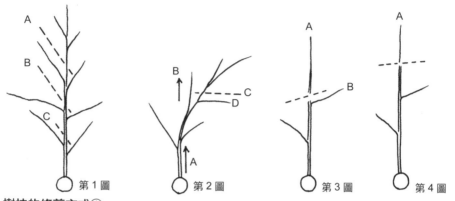

圖6 樹枝的修剪方式①

養護庭木時，要讓植栽上下左右的樹枝經常保持在不會交雜的狀態。像**圖7第1圖**的A這種彎曲的樹枝，總有一天就會和相鄰的樹枝交錯，讓樹形變得不美觀，最好在虛線處的位置將其修剪掉比較好。而B和C兩者都是筆直生長的樹枝，但彼此卻交雜在一起了，這時可以把樹枝茂密處的C修剪掉。若希望樹枝再伸展長一些的話，也可以選擇修剪掉B。

第2圖為立面圖的樣子。修剪掉B或D兩處的樹枝，都會導致留下的其他樹枝方向急遽改變，要盡量避免這樣修剪比較好。可以的話，在C處做修剪，並保留下方的樹枝，這樣不但整體生長的方向看起來會很協調，修剪處也不會太明顯。也可以像A或E那樣修剪掉長在下方的樹枝，剩下的樹枝方向還是與主枝的方向相同，這樣的修剪也很恰當。

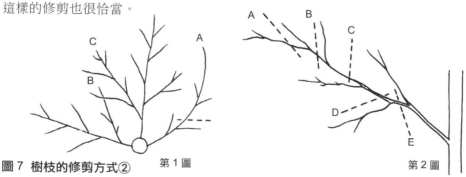

圖7 樹枝的修剪方式②　　第1圖　　　　　　　　　　　　　　　　第2圖

　　像**圖 8** 這樣，在分株型樹木和嫁接樹木的養護上，樹枝若像 A、B，或是 C、D 這般交錯時，樹木氣勢的走向就會延伸出 A 和 C，那麼此時就要修剪掉和氣勢方向相反的 B 和 D，或直接從底部剪去 A 和 C 才好。另外，從這個方向看過去時，右側樹木的樹枝 E、F，雖然沒有和其他樹枝相交錯，但其生長方向和整體的氣勢走向相反，所以也要修剪掉才好。

圖 8　樹枝的修剪方式③

樹木的外形輪廓線若修剪成像**圖 9 第 1 圖**（落葉樹）、**第 3 圖**（常綠樹）那樣工整的一塊，會顯得單調、無趣。最好能成像**第 2 圖**、**第 4 圖**、**第 5 圖**這樣修剪成有高低抑揚的感覺，特別是要讓人能欣賞到落葉樹樹幹和枝葉的美感。

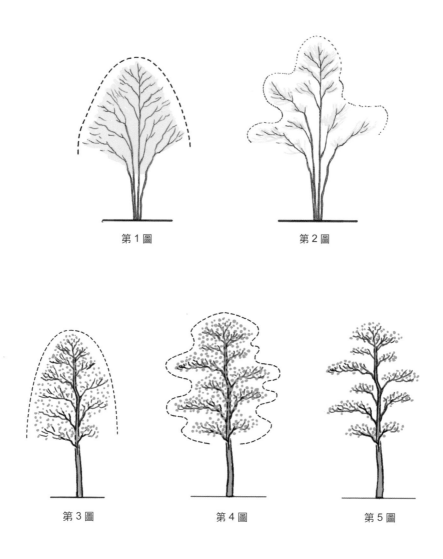

第 1 圖　　　　　　　　　　　　第 2 圖

第 3 圖　　　　　　第 4 圖　　　　　　第 5 圖

圖 9　樹木的輪廓線

後記

　　承蒙我的高中前輩、也是當時誠文堂新光社的總編輯宮田增美小姐看過我粗拙的原稿，才有機會在一九九六年完成《作庭帖》這本書。付梓後的這十五年間，十分有幸能被許多讀者閱讀。

　　自從進入東京庭苑株式會社服務，並在優秀的老師小形研三底下修行了二十七年，從我自認能多少體認到造園師的感悟時，我便將這些想法分析記錄下來，最後集結成《作庭帖》一書。這次，出版社則是向我提出將舊版改成彩色印製、並更名為《新作庭帖》（中文書名為《圖解自然風庭園》）的建議，所以在多年之後，我重新展讀，許多地方多少有加筆說明，但整體上並沒有做任何的修改，連自己也不禁要自豪一下，拙作《作庭帖》真是一部歷久彌新的好作品哪。

　　常言道「工作技巧是從他人身上默默學來的」，至今我仍然認為技術者必須從親身的實踐中磨練技術和感悟，要透過一本書學得技術，根本是「無稽之談」。雖然這樣的想法和我出版本書自相矛盾，不過在庭園工作上感覺疑惑時，若能將拙作當做參考指南，就像園藝剪一樣隨行攜帶、隨時翻閱的話，就是我至高無上的光榮了。

　　「這裡寫錯了吧！」長眠於地下的老師可能會如此斥責我，所以也希望各位不吝對拙作提出批評與指教。

　　　　　　　　　　　　　　　　　　　　　　　　　　　　　秋元通明

國家圖書館出版品預行編目(CIP)資料

圖解日式自然風庭園 / 秋元通明著；徐詠惠譯. -- 修訂2版. -- 臺北市：易
博士文化, 城邦文化事業股份有限公司出版：英屬蓋曼群島商家庭傳媒
股份有限公司城邦分公司發行, 2021.03
　　面；　公分
　　譯自：新作庭帖：自然風庭園の手法
　　ISBN 978-986-480-143-5(平裝)

1.庭園設計 2.造園設計

435.72　　　　　　　　　　　　　　　　　　　　110003026

CRFT BASE 25

圖解日式自然風庭園

原　　書　　名／新作庭帖　自然風庭園の手法
原　出　版　社／株式 社誠文堂新光社
作　　　　　者／秋元通明
譯　　　　　者／徐詠惠
選　　書　　人／蕭麗媛
編　　　　　輯／涂逸凡、邱靖容、黃婉玉

業　務　經　理／羅越華
總　　編　　輯／蕭麗媛
視　覺　總　監／陳栩椿
發　　行　　人／何飛鵬
出　　　　　版／易博士文化
　　　　　　　　城邦文化事業股份有限公司
　　　　　　　　台北市中山區民生東路二段141號8樓
　　　　　　　　電話：(02) 2500-7008　　傳真：(02) 2502-7676
　　　　　　　　E-mail: ct_easybooks@hmg.com.tw
發　　　　　行／英屬蓋曼群島商家庭傳媒股份有限公司城邦分公司
　　　　　　　　台北市中山區民生東路二段141號2樓
　　　　　　　　書虫客服服務專線：(02) 2500-7718、2500-7719
　　　　　　　　服務時間：週一至週五上午09:30-12:00；下午13:30-17:00
　　　　　　　　24小時傳真服務：(02) 2500-1990、2500-1991
　　　　　　　　讀者服務信箱：service@readingclub.com.tw
　　　　　　　　劃撥帳號：19863813
　　　　　　　　戶名：書虫股份有限公司
香 港 發 行 所／城邦（香港）出版集團有限公司
　　　　　　　　香港灣仔駱克道193號東超商業中心1樓
　　　　　　　　電話：(852) 2508-6231　　傳真：(852) 2578-9337
　　　　　　　　E-mail：hkcite@biznetvigator.com
馬 新 發 行 所／城邦（馬新）出版集團【Cite (M) Sdn. Bhd. (458372U)】
　　　　　　　　11, Jalan 30D/146, Desa Tasik, Sungai Besi,
　　　　　　　　57000 Kuala Lumpur, Malaysia
　　　　　　　　電話：(603) 9056-3833　　傳真：(603) 9056-2833
　　　　　　　　E-mail：cite@cite.com.my
封　面　構　成／簡至成
美　術　編　輯／羅凱維、陳姿秀
製　版　印　刷／卡樂彩色製版印刷有限公司

■2015年05月21日 初版(原書名為《圖解自然風庭園》)
■2016年08月16日 修訂1版(更定書名為《圖解日式自然風庭園》)
■2021年03月11日 修訂2版

ISBN 978-986-480-143-5
定價500元　HK$167

城邦讀書花園
www.cite.com.tw